Andreas Ohligschläger

Vertrau auf deinen Hund

Vom intuitiven Umgang mit Hunden

Ulmer

Inhalt

Fallbeispiele

Lehrjahre

unter Hunden

Hunde als Lebens-Lehrer

Hunde begleiten mich seit meiner Kindheit. Sie haben mich viel gelehrt – über mich selbst, andere Menschen und das Miteinander. Kurz: Hunde haben meinen Blick auf das Leben geprägt.

In der ländlichen Umgebung meiner Kindheit war es vor allem mein Vater, der mich immer wieder mit der Natur und mit Tieren in Kontakt brachte. Auf diese Weise erfuhr ich schon früh, dass ich mich in der Natur sehr wohl und sicher fühlen konnte. Bei Wind und Wetter draußen zu sein, gab mir ein Gefühl der Freiheit. Diese Erfahrungen prägten mich für den weiteren Weg meines Lebens.

Dieses Freisein im Hier und Jetzt erkannte ich auch bei den Hunden wieder, denn in unserem Dorf gab es noch einige Streuner. Diese „Straßenköter" hatten ihre eigenen kleinen Reviere. Ihr freies, in der Gegenwart verhaftetes Leben faszinierte mich. Mit diesen Streunern nahmen meine Beobachtungen von Hunden ihren Anfang. Auch in unserer großen und tierlieben Familie waren Hunde immer ein Teil des Ganzen. Ausgiebige Feld- und Waldspaziergänge waren für mich ein Geschenk und ich nutzte die Zeit mit den Vierbeinern, um ein Teil der Natur zu sein. Früh lernte ich so von unseren Hunden, zu fühlen.

Ben und Trüffel waren die ersten Hunde, für die ich in meiner Familie die Verantwortung übernehmen durfte.

Erste Erfahrungen im Tierschutz

Während meiner Schul-, Drang- und Verweigerungszeit in den 1980er-Jahren blieb ich den Hunden treu. In dieser Zeit arbeitete ich unter anderem im Tierschutz und im Tierheim. Immer wieder beschäftigte ich mich hier mit sogenannten verhaltensauffälligen Hunden. Bei meinen beiden Mastinos aus dem Tierheim habe ich selbst erlebt, dass Hunde durch fehlende Prägung oder schlechte Haltung verhaltensauffällig werden können. Als die beiden „Riesen" zu mir kamen, waren sie durch den falschen Umgang und das Verhalten ihrer Vorbesitzer so schlecht geprägt, dass ich ganz viel Geduld und Durchsetzungsvermögen brauchte, um sie in die richtige Richtung zu lenken.

Verhaltensauffälligkeiten zeigen sich aber nicht nur bei Hunden, die nicht sozialisiert sind oder aus schlechter Haltung kommen. In den letzten Jahren habe ich immer wieder Mensch-Hund-Konstellationen erlebt, bei denen Hunde durch das Auftreten und das Verhalten ihrer Besitzer in Alltagssituationen extrem verhaltensgestört reagierten. Das hat mich zu der Überzeugung gebracht, dass eigentlich der Mensch, der einen Hund halten möchte, einen Verhaltens- oder Wesenstest ablegen und nach dessen Ergebnis beurteilt werden sollte.

Unzufriedene Menschen haben unzufriedene Hunde. Kein sogenannter Listenhund wird als „böser Hund" geboren. Einzig der Mensch entscheidet, in welche Richtung sich der Hund entwickelt. Wir müssen endlich begreifen, dass es keine „geborenen Kampfhunde" gibt. Hunde selbst haben keine Vorurteile gegenüber anderen Hunderassen, sonst hätten wir jeden Tag Probleme hier im Revier.

Menschen führen Kriege, Hunde nicht.

Auch bei verhaltensauffälligen Hunden steht die Sensibilisierung des Menschen für sein Verhalten im Vordergrund.

„Lehrjahre" in Portugal

Hunde sind vollkommen mit der Natur verbunden und ein Teil von ihr. Das konnte ich beobachten, als ich 1989 ein Jahr im portugiesischen Alentejo verbrachte. Freiheit und Ausgeglichenheit lagen auch in der salzigen Luft des Atlantiks und ein beseelter Frieden war zu spüren. Damals gehörten Straßenhunde in Portugal absolut zum Straßenbild.

Es war ein Geschenk für mich, diese Hunde einen ganzen Winter lang in aller Ruhe beobachten zu können, denn zu dieser Zeit waren nur ganz wenige Touristen in Vila Nova de Milfontes. So konnte und durfte ich ungestört erleben, dass die Hunde des Rio Mira sehr familiär miteinander umgingen. Durch ihr soziales Verhalten lernte ich sehr viel über den respektvollen Umgang miteinander. Diese von Wind und Salz gezeichneten „streunenden Freigeister" beeindruckten mich durch ihre Wildheit, Zufriedenheit und Ausgeglichenheit. Ruppige Charaktere und zarte Seelchen verpaarten sich und es wurden „ganz normale" Mischlinge geboren: Vierbeiner, die ihrem Wesen folgend durch die Pinienwälder streiften, die genau wussten, wo ihre Schlafplätze waren und an welchen Straßencafés sie betteln durften und an welchen nicht.

Am Rio Mira ging ich sehr oft angeln. Hierhin begleitete mich des Öfteren der eine oder andere vierbeinige Gauner, um von meinen Fischfängen einen Teil abzustauben. Mit Geduld und Ruhe harrten sie wie selbstverständlich aus, manche in der prallen Sonne dösend, andere wiederum im windigen Schatten. Sie blieben in einem respektvollen Abstand, bettelten nicht, sondern warteten einfach ab, bis ich ihnen einen Teil der Beute abgab.

Ich habe nie mehr so freie Hunde gesehen, wie in Milfontes im Winter 1989. Es war für mich der schönste Winter meines Lebens und ich lernte so viel über die Natur, die Hunde und das Meer.

Bei meinen Beobachtungen in Portugal stellte ich fest, dass freilebende Hunde vorwiegend mit drei Lebensinhalten beschäftigt sind: Faulenzen, Fressen und Fortpflanzen …

Viele Streuner sind es gewohnt, in Freiheit zu leben, und kommen damit auch erstaunlich gut zurecht. Sie sind teilweise ausgeglichener und zufriedener als unsere Haushunde.

Hündische Instinkte ausleben dürfen

Durch die Beobachtungen der Streuner im Süden vertiefte sich mein Gefühl, dass Hunde unter anderem viel Freiraum und Kontakt zu Artgenossen benötigen, um sich entfalten zu können. Auch wenn wir Menschen unsere Vierbeiner oftmals etwas egoistisch für andere Zwecke und Bedürfnisse brauchen, sollten die Fellnasen ihren Instinkten im Zusammenleben mit Menschen hündisch nachkommen dürfen. Viele Vierbeiner sind durch die vom Menschen festgelegten Abläufe des Lebens jedoch oftmals unter- oder überfordert.

Sehr oft wird durch das Zusammenleben mit uns Menschen die natürliche Entwicklung und Entfaltung des Hundes unterdrückt. Eine Ursache liegt darin, dass im Zusammenleben zwischen Zwei- und Vierbeiner klare Strukturen fehlen. Unter Hunden sind Regeln und Strukturen festgelegt. Diese dienen dem Zusammenhalt der Gruppe und jedem Einzelnen. In menschenunabhängigen Rudeln besitzen Hunde ihren festen Platz in einer sicheren Struktur und können sich hier in ihrer hündischen Art frei entfalten. Die Kommunikation zwischen Hunden ist wichtig, da diese das soziale Verhalten fördert und zur Selbstsicherheit beiträgt.

Auch im Zusammenleben mit uns Menschen brauchen Hunde die Möglichkeit, ihre ursprünglichen Instinkte auszuleben. Sie brauchen einen Menschen, der Entscheidungen trifft und die Führung und Verantwortung übernimmt. Dadurch sind sie freier in Kopf und Geist, um ihre Aufgaben zu erfüllen und ihren hündischen Bedürfnissen nachzukommen. Im Zusammenleben zwischen Mensch und Hund fehlt dem Vierbeiner zudem die klare und direkte Kommunikation, wie sie unter Hunden instinktiv gelebt wird. Dies ist eine natürliche Begebenheit, die in der Welt der Hunde Bestandteil der Hundesprache ist. Um diese Sprache zu verstehen, bedarf es der genauen Beobachtung von Hunden. Andernfalls ist es für uns Menschen schwierig, die Sprache der Hunde ins Menschliche zu übersetzen.

Hündische Bedürfnisse finden oft ihre Grenzen durch menschliche Bedürftigkeit.

Wir Menschen nehmen einen Hund unter anderem deswegen zu uns, weil wir gebraucht und geliebt werden und uns gut fühlen wollen. Es geht uns also auch um die Befriedigung unserer Bedürfnisse. Aber ist uns bewusst, dass wir mit einem Hund auch die Verpflichtung übernehmen, einem Lebewesen die Möglichkeit zu geben, sich in seiner Art frei zu entfalten?

Ein Ort für ein freies Hundeleben

Über all diese Jahre wuchs in mir ein Lebenstraum heran: Ich entwickelte die Vision, einen Ort der hündischen Kommunikation zu schaffen. Er sollte es mir ermöglichen, das Verhalten von Hunden noch intensiver beobachten zu können, um sie besser zu verstehen.

Zunächst habe ich mir daher die formalen Voraussetzungen für die Arbeit mit Hunden angeeignet: den Sachkundenachweis und die Sachkundeprüfung nach § 11 und die ordnungsbehördliche Genehmigung für das Halten bestimmter Hunderassen, der sogenannten Listenhunde. Viel über Hunde und vor allem Menschen lernte ich durch die Bearbeitung von Tierschutzanzeigen.

Auch in den ersten vier Jahren meiner Selbstständigkeit, als Dogwalker und mit meiner mobilen Hundeschule habe ich bei meinen kilometerlangen Spaziergängen und unzähligen Begegnungen viele Erfahrungen mit Menschen und Hunden sammeln können. Hintergrundwissen zu Mensch-Hund-Beziehungen erhielt ich durch Seminare und Fortbildungen, unter anderem bei Prof. Dr. Udo Gansloßer. Als ich 2009 Kontakt zu dem bekannten Wolfsforscher Günter Bloch aufnahm, auf seiner Wolfsfarm die Gruppenhaltung von Hunden erlebte und durch seine Vorträge, die er auch bei mir hielt, mehr hierüber erfuhr, nahm meine Vision von einer Einrichtung und dem Leben mit vielen Hunden konkrete Formen an.

Diese Vision hat vor zehn Jahren mit dem Revier für Hunde in der Nähe von Aachen Gestalt angenommen. Auf einem Grundstück von etwa 6.000 qm habe ich mir den Lebenstraum erfüllt, Hunde der verschiedensten Rassen und Altersstufen in Gruppen zu erleben und beobachten zu dürfen. Bis zu 40 Hunde besuchen mein Team und mich täglich im „Ort der natürlichen Betreuung". Hundehalter, die ihren Vierbeiner tageweise oder für die Zeit des Urlaubs versorgt wissen wollen, bringen ihren Hund hierher. Die meisten sehr bewusst, weil sie möchten, dass ihr Vierbeiner frei mit seinen Artgenossen kommunizieren kann.

Aber warum habe ich einen solchen Ort der Begegnung geschaffen? Während meiner mehrjährigen Zeit als Dogwalker erlebte ich bei meinen unzähligen Spaziergängen immer wieder, dass Hundebesitzer die Verhaltensweisen von Hunden nicht richtig deuten. Die Kommunikationsstufen bei Hunden wurden ständig unterbrochen, ja richtiggehend abtrainiert. Wie soll ein Hund sich so entwickeln können? Wie soll ein Hund lernen, wenn der Mensch ihn nicht lässt? Dürfen unsere Hunde noch Hunde sein?

In Kommunikationsstufen lernen Hunde, wo ihre Grenzen sind.

Grenzen aufzuzeigen, konsequent und ausdauernd zu sein ...

... – das sind wesentliche Verhaltensweisen in der Hundeerziehung.

Meine Beobachtungen

Bei meinen ausgiebigen Spaziergängen habe ich auch immer wieder Begegnungen mit Menschen und Hunden, die mir einige Kopf- und Bauchschmerzen bereiten: Mit Wasserpistolen und Leckerlies „bewaffnete" Hundehalter, zierliche Frauen und ihre 50-kg-Hunde im verzweifelten Kampf mit sich und ihrem kraftprotzenden Vierbeiner. Vielleicht kennen Sie solche Begegnungen, die nur unter enormen Stress für alle Beteiligten zu bewältigen sind? Man ist froh, wenn das unsichere Gespann wie ein grollendes Gewitter vorübergezogen ist ...

Oder gehetzte Hundebesitzer mit ihren Bällchen-Junkies. Hauswölfe, die nicht mehr wissen, was sie mit Artgenossen anfangen oder erleben können, weil sie kaum noch Gelegenheiten haben, anderen Hunden frei und ohne Leine zu begegnen – sei es, dass entsprechende Freiflächen fehlen, sei es, dass der Mensch die hündischen Bedürfnisse nicht erfüllen kann oder will. Ich habe tatsächlich von Menschenhand „ferngesteuerte Hunde" erlebt, die extrem verstört reagieren, wenn sie auf andere Vierbeiner treffen. Sie haben durch menschlichen Ehrgeiz und mangelnden Kontakt zu Artgenossen verlernt, hündisch zu kommunizieren. Ein Hundeleben, nur auf die Bedürfnisse des Menschen abgestimmt und der hündischen Würde beraubt.

Aus diesen Gründen besteht ein weiterer – wichtiger – Teil meiner Philosophie darin, Menschen für ihr Verhalten im Umgang mit ihren Hunden zu sensibilisieren. Auch durch einfaches Beobachten. Denn im Revier für Hunde können Menschen ihren Vierbeiner und dessen Artgenossen bei der Kommunikation erleben und lernen, wie eindeutig und natürlich die Sprache der Hunde ist. Natürlich gibt es auch hier Missverständnisse, sodass der Mensch ab und an eingreifen muss. Jedoch weit seltener als man es vermutet, wenn man bei der Vorstellung von Hundebegegnungen nur die leinenpöbelnden Rüden vor Augen hat.

Durch das Beobachten von Hunden können wir viel über deren Verhalten lernen.

Von Hunden lernen

Hunde können es uns mit einem „tierschutzrelevanten“ Augenaufschlag schwer machen, konsequent zu bleiben. Sie bringen uns immer wieder zum Schmunzeln und garantieren uns täglich ein Lachen.

Ich habe in diesen Jahren gelernt: Hunde können Lehrer für uns Menschen sein – wenn wir es wollen. Sie befinden sich oftmals im Hier und Jetzt, leben den Augenblick und fühlen mehr, als wir Menschen denken. Hunde lehren uns, einfach den Augenblick zu erleben – ohne Zwang, ohne zu bewerten oder zu beurteilen. Sie helfen uns, unseren Instinkten und unserem Bauchgefühl wieder mehr Vertrauen zu schenken.

Hunde sind sehr anpassungsfähig. Sie stellen keine hohen Ansprüche an das Leben und verschwenden keine Energie mit sinnlosen Gedanken. Sie geben uns unbewusst Ruhe in einer lauten Gegenwart, helfen uns über schwere Zeiten hinweg und verzaubern uns mit ihrem Charme und ihrer emotionalen Intelligenz.

Mit ihrer direkten Kommunikation regen sie uns zur Ehrlichkeit an und mit ihrer emotionalen Seite können sie uns zu Tränen rühren. Sie sind ein Geschenk der Natur, geben uns all ihre Liebe und fordern so wenig ein. Sie wollen uns nicht „ver-hundlichen“ und wollen selbst nicht „ent-tiert“ werden. Sie wollen einfach nur Hund an der Seite des Menschen sein. Hunde wollen keine Menschen sein!

Zuwendung ist ein Gefühl von Zuneigung und am schönsten ohne Besitzanspruch.

Brücke zwischen Mensch und Hund

Die Erfahrungen, die ich bei meiner jahrelangen Beobachtung von und dem Zusammenleben mit Hunden gemacht habe, möchte ich mit diesem Buch weitergeben. Mein Wunsch und Anliegen ist es, eine Brücke zwischen Mensch und Hund zu schlagen, um das Verständnis füreinander zu verbessern und die Beziehung zu vertiefen.

Schritt für Schritt und Pfote für Pfote können wir lernen, uns so zu akzeptieren, wie wir sind.

Mit meinen Beobachtungen und den Geschichten, die ich erlebt habe und Ihnen hier erzähle, möchte ich Ihnen Impulse geben, genau hinzuschauen: Ihren Hund mit neuen Augen zu sehen und zu einem noch besseren Mensch-Hund-Verhältnis zu gelangen.

Wunsch
und Wirklichkeit

Mensch und Hund – vertraute Fremde

Der Hund ist das älteste Haustier des Menschen. Wissenschaftler vermuten, dass der Hund sich vor über 100.000 Jahren dem Menschen anschloss. Doch die gesellschaftliche Entwicklung verlangt unseren „Hauswölfen" eine ganze Menge ab.

Mittlerweile leben rund sieben Milliarden Menschen und 500 Millionen Hunde auf der Welt. Alleine in Deutschland soll es etwa fünf Millionen Hunde geben. Das alles sind nur Schätzungen, wahrscheinlich gibt es noch viel mehr Feuchtnasen auf der Erde. Anhand solcher Zahlen wundert es mich nicht, dass es immer wieder zu Konflikten zwischen der Menschen- und der Hundewelt kommt. Zumal auch die gesellschaftlichen Erfordernisse Mensch und Hund prägen und ihnen beim Zusammenleben so manches abverlangen.

Vertrauen ist die Basis für eine gute Mensch-Hund-Beziehung. Gemeinsame ruhige, entspannte Momente in der Natur stärken das Vertrauen und die Beziehung zueinander.

Meine Beobachtungen

Ich beobachtete in der Stadt einmal die Teilnehmergruppe einer Hundeschule bei folgender Übung: Die Hundehalter sollten mit ihren Vierbeinern in einer Telefonzelle zur Ruhe kommen, um zu telefonieren. Natürlich ist es sinnvoll, dass ein Hund, der in der Stadt lebt, lernt, in gewissen Situationen entspannt zu bleiben. Dennoch meine ich, dass diese Übung uns bewusst macht, welche unnatürlichen Forderungen an unsere Hunde gestellt werden: Er wird für das Stadtleben „gesellschaftsfähig" gemacht. Wir sollten uns daher nicht wundern, wenn das Zusammenleben nicht immer reibungslos klappt. Und: Je mehr wir unseren Hunden abverlangen, desto wichtiger ist es, ihnen auch den Ausgleich zu bieten und mit ihnen in die Natur zu gehen.

In den Ballungsgebieten leben Menschen und Hunde oftmals viel zu dicht beieinander, eine natürliche Distanz ist kaum noch möglich. Hinzu kommen Gesetze, die ein hundegerechtes Leben fast unmöglich machen: Leinenpflicht, Hundeverbote selbst in Parks und winzig kleine Freilaufflächen weit außerhalb der Wohnviertel. Oft ist es uns gar nicht mehr bewusst, dass wir nach den Regeln unserer Gesellschaft handeln, so sehr haben wir diese verinnerlicht. Eine Erholung vom Alltagsstress wird Zwei- und Vierbeinern, die in Städten leben, erschwert. Hunde müssen sich anpassen, „funktionieren", werden immer stärker in die gesellschaftliche Form gepresst – fernab von einem gesunden und natürlichen Biorhythmus.

Viele Hundehalter haben ein schlechtes Gewissen, weil sie ihrem Vierbeiner nur eingeschränkt bieten können, was er für sein hündisches Leben braucht, und fühlen sich unwohl, weil auch sie ihren Traum von einem freien und entspannten Miteinander nicht leben können. Doch lassen Sie sich nicht von negativen Gefühlen lähmen, denn das vergrößert die Gefahr, dass an die Stelle von Verständnis und Harmonie Missverständnisse und Fremdheit treten. Statt sich einander anzunähern entfremden sich Zwei- und Vierbeiner immer mehr voneinander. Unterbrechen Sie diese gefährliche Spirale. Wenn Sie sich und Ihrem Hund Stresssituationen nicht ersparen können, beispielweise den Gang durch die Fußgängerzone oder das Einkaufszentrum, setzen Sie gemeinsame positive Erlebnisse dagegen: den Spaziergang im Wald, das Toben mit Artgenossen auf der Hundewiese oder auch Ihr gemeinsames Spiel.

Leistungsdenken und Erfolgsdruck

Das Leistungsdenken und der Erfolgsdruck in unserer Gesellschaft treffen Hundehalter und ihre Vierbeiner gleichermaßen. Wir Menschen leben mit dem enormen Druck, den das Anspruchsdenken in der Gesellschaft auf uns ausübt: mein Haus, mein Auto, ... mein Hund. Schnell wird auch der Vierbeiner zum Prestigeobjekt. Wie viele Hunde werden mittlerweile durch Zucht und Selektion den Bedürfnissen des Menschen und den Ansprüchen der Gesellschaft angepasst?

In einem Gebiet voller 30er-Zonen, sollte man sich gut überlegen, ob ein Lamborghini das richtige Auto für einen ist.

Nicht nur, dass unsere Hunde bestimmten äußeren Ansprüchen genügen müssen: Auch das Leistungsdenken erfasst das ganze familiäre System: sowohl die Zwei- als auch die Vierbeiner. Um ihre Fellnasen adäquat zu beschäftigen, besuchen Menschen mit ihren Tieren Hundeschulen und ähnliches. Hier trainieren sie mit ihren Hunden angemessenes und gesellschaftstaugliches Verhalten und sie lernen, welche Formen der Beschäftigung der Natur ihres Hundes entsprechen. So können die Vierbeiner ihre natürlichen Bedürfnisse ausleben und Spaß mit ihrem Menschen haben.

Bewegung und Ruhephasen in der Natur tragen zu einer intensiven Beziehung bei und lassen uns für kurze Zeit den gesellschaftlichen Druck und alltäglichen Stress vergessen.

Meine Beobachtungen

Vor der Anschaffung eines Hundes sollte man sich über die rassespezifischen Merkmale ausreichend informieren, um auf dessen individuelle Bedürfnisse eingehen zu können.

Gerade Hütehunde wie der Australian Shepherd und der Border Collie brauchen immer wieder Pausen, um zur Ruhe kommen zu können. Sie neigen zu Unruhe. Ich habe Hütehunde erlebt, die Monate brauchten, um mit Artgenossen wieder eine stressfreie und hündische Zeit erleben zu können. Deshalb rate ich Haltern von Hütehunden, ihrem Vierbeiner neben einer artangemessenen Arbeit auch ausreichend Ruhephasen zu gönnen.

Zunehmend werden aber auch „unnatürliche" Trend-Sportarten für den Vierbeiner angeboten, bei denen leider oft der menschliche Leistungsanspruch und Wettkampfgeist im Vordergrund stehen. Hunde befolgen bei diesen Trainings zwar brav die Anweisungen und Kommandos ihrer „Leitmenschen" – doch im Ernst: Brauchen unsere Vierbeiner wirklich diese Art der sportlichen Betätigung zum täglichen Leben?

Mir ist in den letzten Jahrzehnten aufgefallen, dass die Arbeitsrassen weiter in der Zucht selektiert wurden, jedoch ihren natürlichen Aufgaben nicht nachkommen können. Für mich macht es einen großen Unterschied, ob beispielsweise ein Border Collie mit seinem natürlichen, instinktiven Jagdverhalten eine Schafherde hütet oder ob er beim Treibball auf große bunte Bälle konditioniert wird. Problematisch dabei ist vor allem, dass der Vierbeiner bei der künstlichen Arbeit unter Dauerstress steht. Bei dem Besuch eines Schäfers, seiner Herde und seinen Hunden konnte ich ausgiebig beobachten, wie sich Bewegungs- und Ruhephasen abgewechselt haben, ganz im Unterschied zum Trainingsablauf in einigen Hundeschulen.

Ist ein Hund erst einmal durch übertriebenes Training in einem unruhigen, negativen Stressbereich und wird dann positiv verstärkt, ist es schwierig, dem Hund in den unterschiedlichen Alltagssituationen

unsere Ruhe zu vermitteln. Hinzu kommt, dass in einigen Hundeschulen die hündische Kommunikation beim Training meist zu kurz kommt und dadurch nicht ausgelebt werden kann. Bitte informieren Sie sich bei Ihrer Hundeschule, ob Ihr Vierbeiner auch ausreichend soziale Kontakte zu Artgenossen knüpfen kann. Seriöse Hundetrainer bieten Spielgruppen an, manche sogar nicht nur für die verschiedenen Altersklassen, sondern auch für unterschiedlichen Größen.

Wenn man seinen Hund ganz genau beobachtet, sich in ihn einfühlt und ihn wirklich gut kennt, weiß man, wann er eine Pause benötigt. Es ist sehr schön, wenn Mensch und Hund bei den Trainingseinheiten Spaß haben und dies zu einer guten Beziehung beiträgt. Allerdings sollte man den menschlichen Trainingsanspruch nicht zu sehr auf unsere Vierbeiner übertragen. Weniger ist oftmals mehr.

Die Kunst des Nichtstuns

Wenn ein Hund beispielsweise durch viel zu viele Tricks und Aufgaben regelrecht zum „Zirkushund" mutiert, ist dies für mich nicht das Sinnbild von einem entspannten und ausgeglichenen Hund. Der Stress des Trainings kann sich auch im Alltag widerspiegeln. Hunde müssen für mich als Mensch kein Männchen machen oder „toter Hund" spielen. Hier steht für mich die Würde des Hundes im Vordergrund. Für mich stellt sich immer wieder die Frage: Braucht ein Vierbeiner diese Tricks? Müssen Hunde immer wieder Neues lernen? Uns fällt es doch auch immer schwerer, einmal eine Zeit lang nichts zu tun, oder? Können wir uns noch auf dieses Gefühl einlassen?

Gönnen Sie sich Ihre Auszeit – Sie haben es sich verdient. Ihr Hund liebt Sie gerade auch wegen Ihrer ruhigen Art. Dieses Gefühl vermittelt

Ihrem Vierbeiner die Ausgeglichenheit und Entspannung eines souveränen und konsequenten Partners. Ein entspannter Chef ist ein beliebter Chef, und man folgt ihm gerne. Üben Sie sich als Führungspersönlichkeit in der Beobachtungsgabe. Für mich gibt es nichts Schöneres, als meinen Hunden bei ihrem Hundsein zuzuschauen und zu lernen, wie wichtig es für mich als Zweibeiner ist, wieder mehr auf meine Instinkte zu achten und der inneren Stimme des Bauchgefühls zu lauschen. Hier kann ich dann eine direkte Verbindung zum Hund herstellen und feststellen, was er in seinem Leben braucht. Die bessere Verständigung mit dem Vierbeiner beginnt immer mit der Veränderung des Zweibeiners.

Der Mensch sollte energetisch führen, ohne sich Gedanken darüber zu machen, dass er führt. Bewegungsabläufe und Pausen wechseln sich im gesunden Rhythmus ab. Wir können durch diese „Freiheit" bei gemeinsamen Spaziergängen lernen, mit einem guten Bauchgefühl die Führung zu übernehmen. Hier können Mensch und Hund im Einklang mit der Natur wertvolle gemeinsame Stunden verbringen, die dazu beitragen, eine intensive und echte Beziehung aufzubauen. Daher sind meiner Meinung nach ausgiebige Spaziergänge in der Natur wichtig für Mensch und Hund. In der Natur finden wir doch allemal ausreichend Möglichkeiten, damit der Hund seinen natürlichen Bedürfnissen nach Bewegung nachkommen kann. Ausgiebige Spaziergänge mit normalen Bewegungsabläufen helfen dabei, dass wir unseren Vierbeinern zeigen, wer in der Beziehung die natürliche und energetische Verantwortung trägt. Und auch seinem Stadthund sollte man die Möglichkeit geben, hündische Verhaltensweisen auszuleben. Dazu gehören schnuppern, rennen, markieren, spielen und sich wälzen. Ist dies nicht in ausreichender Form gegeben, kann der Hund Verhaltensauffälligkeiten entwickeln, da er auch mit ausreichender menschlicher Zuwendung und Fürsorge in seinem Hundsein begrenzt ist. Haben Mensch und Hund schon ein solches Problem entwickelt, sollte man professionelle Hilfe in Anspruch nehmen.

Jeder sollte herausfinden, was gut für ihn und sein Tier ist und entscheiden, inwieweit er sich ändern möchte. Hier sind Bauchgefühl und ein gesundes Gleichgewicht gefragt.

Mit dem Leistungsdenken verbunden ist der Anspruch, perfekt zu sein und alles perfekt zu machen. Und das wünschen wir uns auch von unseren Hunden. Das ist in vielerlei Hinsicht fatal. Denn: Unsere Hunde können diese Erwartungshaltung nicht erfüllen. Sie funktionieren nun mal nicht auf Knopfdruck.

In Hundeschulen sind oft Szenen zu beobachten, in denen die Erwartungshaltung der Menschen Leistungsdruck auf den Hund ausübt. Denn so mancher Hundehalter wird in der Hundeschule zum Streber. Wenn wir im Bild der Schule bleiben heißt das: Während beim Üben

„Wie niedlich, der weiße Schoßhund." Das denken wir vielleicht im ersten Augenblick. Auch kleine weiße Feuchtnasen machen sich beim Wohlfühlen gerne schmutzig – wenn der Mensch sie lässt ...

daheim eine Vier reicht, sollen auf dem Hundeplatz nur Einsen „geschrieben" werden. Die Folge: Der Vierbeiner verhält sich dort ganz anders als zu Hause.

Stellen Sie sich einmal folgende Szene vor: Im Junghundekurs sollen die Vierbeiner die Grundkommandos lernen. In dieser Stunde steht das Kommando „Platz und Bleib" auf dem Stundenplan. Der Mensch gibt seinem Vierbeiner die entsprechenden Kommandos. Der Hund legt sich hin und soll nun auf dem ihm zugewiesenen Platz bleiben. Da der Vierbeiner zu Hause gelernt hat, dass sein Mensch es mit seinen Kommandos nicht immer so genau nimmt, steht er immer wieder auf, läuft zu Artgenossen und anderen Hundehaltern. Sein Mensch ist gestresst, reagiert womöglich wütend oder ist enttäuscht. Der Vierbeiner wiederum versteht das Verhalten seines Menschen nicht, ist verunsichert und steht unter Druck. Denn er verbindet die Hundeschule natürlich nicht mit Leistungsansprüchen, sondern betrachtet sie als gemeinsame Zeit mit seinem Menschen und vielen Artgenossen. Damit ist der Konflikt vorprogrammiert. Auf Leistungsdruck reagieren Vierbeiner nicht wie Zweibeiner. Sie spüren die Verzweiflung von uns Menschen und unsere Angst, zu versagen. Warum wir uns plötzlich so verhalten, obwohl unsere Fellnasen uns ganz anders kennen, verstehen sie nicht. In den Augen unserer Vierbeiner sind wir nicht mehr authentisch und werden unberechenbar. Wer unberechenbar

Die Beziehung zwischen Mensch und Hund ist ein Gefühl und keine Formel.

ist, kann kein souveräner Freund mehr sein. Der Hund stellt seinen Menschen in Frage. Eine mögliche Folge: Das gegenseitige Vertrauen kann gestört werden. Das kann Ihnen nicht passieren, wenn Sie wie Ihr Vierbeiner die Zeit in der Hundeschule als gemeinsame Zeit sehen, in der Sie Freude haben, sich austauschen und einander näher kommen. Konzentrieren Sie sich nicht darauf, dass die Übung 100-prozentig ausgeführt wird, sondern erfreuen Sie sich an der Begeisterung, mit der Ihr Hund bei der Sache ist.

Verinnerlichte Ansprüche

Von allen Seiten hagelt es jeden Tag Tipps und Empfehlungen: Wie wir uns selbst perfektionieren, unsere Beziehung, unser Familienleben und unsere Freundschaften. In Zeitschriften, Büchern, Fernsehsendungen und im Internet wird das Traumbild von einem perfekten Menschen gezeichnet, dem alles spielend gelingt – natürlich auch in Bezug auf seinen Vierbeiner. Das wirkt sich auch auf unser Verhalten unseren Hunden gegenüber aus. Ich möchte diese Konfliktursache anhand des Beispiels von Carlos beschreiben.

Heute schwänzen wir die Schule.

Der Fall Carlos

Carlos kommt aus Spanien und diente seinen Besitzern dort als Jagdhund. Nach nur einer Jagdsaison wurde er jedoch ausgesetzt und lebte danach als besitzloser Streuner auf der Straße, bis er schwer verletzt aufgefunden und von Tierschützern in eine spanische Auffangstation gebracht wurde. Dort pflegte man ihn ein halbes Jahr lang gesund und brachte ihn, nachdem er sich von seinen Verletzungen erholt hatte, in eine Pflegestelle in Deutschland. Ein neues Frauchen war auch schon bald gefunden, sodass er schnell in ein neues Zuhause umziehen konnte.

Dort stellte sich heraus: Carlos kann schlecht alleine bleiben. Er zerstörte die Wohnungseinrichtung. Beim Spaziergang pöbelte er andere Hunde an. Zudem hatte er einen ausgeprägten Jagdtrieb. Insgesamt war Carlos sehr unruhig, sprang seine Menschen häufig an und bellte sehr viel.

Seine Besitzerin holte sich Unterstützung – von der Familie und Freunden. Alle kümmerten sich ausgiebig um Carlos. Immer war jemand für ihn da. Außerdem suchte sich sein Frauchen Infos im Internet und holte sich Rat bei Hundetrainern. Bei Spaziergängen befolgte sie die Ratschläge anderer Hundebesitzer. Alles aus dem Wunsch heraus, dass es dem Hund, der ja schon so viel Schlimmes mitgemacht hat, bei ihr gut geht. Nur: Je mehr Informationen die Besitzerin sammelte, umso unsicherer wurde sie.

Vernachlässigt wurde bei all den guten Ratschlägen und Empfehlungen, dass ehemalige Streuner oder Straßenhunde sehr spezifisch im Verhalten sein können. Gerade sie brauchen einen souveränen und geduldigen Menschen an ihrer Seite, um sich im neuen Zuhause einleben zu können. Oftmals sind „Secondhand-Hunde" wahre Überraschungspakete und zeigen ihre Charaktereigenschaften erst nach einer gewissen Zeit der Eingewöhnung. Selbst hundeerfahrene Menschen und Hundetrainer können mit den freiheitsgewohnten und charakterstarken Streunern an ihre Grenzen stoßen. Daher brauchen Menschen, die einem solchen Hund eine Chance geben, vor allem Geduld und Konsequenz. Sie sollten sich nicht gleich entmutigen lassen oder immer wieder ihr Verhalten oder die Methoden ändern, hoffend, dass sich dann endlich der gewünschte Erfolg einstellt. Denn das wird vom Vierbeiner als Unzuverlässigkeit und mangelnde Selbstsicherheit wahrgenommen.

Das Beispiel von Carlos zeigt zweierlei: Zum einen lassen wir uns zu oft durch die Meinung anderer beeinflussen, anstatt auf unsere innere Stimme zu hören. Alles muss genau so sein, wie es vermeintlich richtig ist, weil es so dem Idealbild entspricht. Der Wunsch nach Konformität erlaubt es uns nicht, Abweichungen und Anderssein zuzulassen. Viel zu groß ist der Druck, sich anzupassen und richtig zu „funktionieren". Und diesen Anspruch übertragen wir auf unseren Vierbeiner.

Jeder Mensch hat eine eigene Art, mit seinem Hund zu kommunizieren. Umgekehrt gilt aber auch: Jeder Hund ist ein Individuum.

Um diesen Konflikt zu lösen, sollten Sie Ihren Gefühlen wieder mehr Aufmerksamkeit schenken. Vertrauen Sie darauf, dass Sie Ihren Hund am besten kennen. Sie müssen nicht alles glauben, was man Ihnen erzählt oder was in irgendwelchen Internetforen steht. Es gibt kein Allheilmittel für die Hundeerziehung. Eine meiner Erfahrungen der letzten Jahrzehnte ist: Der Hundebesitzer kann der beste Hundetrainer für seinen Vierbeiner sein, wenn er authentisch ist.

Der Hundebesitzer kann der beste Hundetrainer für seinen Vierbeiner sein.

Zum anderen orientieren wir uns in der Hundeerziehung immer wieder neu. Kein Wunder: Das übergroße Angebot auf dem „Hundeerziehungsmarkt" verunsichert viele Hundehalter. Die Folge: Auf ihren Vierbeiner wirken diese Menschen orientierungslos.

Um eine gesunde Mensch-Hund-Beziehung aufzubauen, bedarf es einiger wichtiger Punkte. Für mich ist Konsequenz der wichtigste Bestandteil einer Mensch-Hund-Verbindung. Wenn ein Vierbeiner in

Respektloses Verhalten wird auch von Artgenossen nicht hingenommen und schon gar nicht belohnt. Hier setzt Leithündin Ruby der jungen Artgenossin eine klare Grenze.

ein neues Zuhause kommt, beginnt das Zusammenleben. Hier gilt es, sofort zwei Ampelfarben zu zeigen: Rot oder Grün. Wenn wir unserem Hund unmissverständlich bestimmte Dinge verbieten und im nächsten Moment aus menschlicher Fürsorge oder Mitleid heraus wieder erlauben, dürfen wir uns nicht wundern, wenn uns der Hund nicht mehr versteht. Hier ist Eindeutigkeit und Klarheit von uns gefragt. Ein Nein muss ein Nein bleiben. Wenn diese Voraussetzung nicht gegeben ist, fällt der Hund irgendwann eigenmächtig seine Entscheidungen. Hierzu ein kurzes Beispiel: Ein Hund verbellt und belästigt Ihren Besuch. Wollen Sie und Ihr Besuch diese Form der aufmerksamen Begrüßung? Freuen Sie und der Besuch sich über das Verhalten des Hundes? Ist diese Form der Zuwendung vom Menschen anerzogen und wird in vielen Situationen einfach hingenommen? Wird der Hund für dieses schlechte Verhalten auch noch belohnt, durch Aufmerksamkeit oder Futtergaben?

Erlaubt man seinem Vierbeiner, Besuch anzuspringen, braucht man sich nicht zu beklagen, wenn er seinen Job als „Hausmeister" auch sonst mit 100-prozentiger Leidenschaft auslebt. Und er wird dieses respektlose Verhalten auch mit auf den Spaziergang nehmen und vielleicht Hunde und Menschen anpöbeln. Der Hundehalter tut also gut daran, an seiner Konsequenz zu arbeiten und seinem Hund die Möglichkeit zu geben, seinen Menschen als Führungspersönlichkeit zu respektieren.

Ich bin der Meinung, dass viele Menschen ihren Hunden durch inkonsequentes Verhalten keine klare Struktur aufzeigen. Dies geschieht oftmals aus der eigenen Bedürftigkeit heraus. Der Mensch liebt die Aufmerksamkeit seines Hundes und vergisst dabei häufig Regeln und Grenzen. Aus Schwarz und Weiß wird ein verwischtes Grau. Das verwirrt den Hund. Seien Sie von Anfang an eindeutig, daheim genauso wie draußen. Setzen Sie das bei Ihrem Hund durch, was Sie wirklich wollen, auch wenn es manchmal viel Geduld und Ausdauer braucht. Ihr Hund wird es Ihnen danken und Ihnen Vertrauen schenken. Verbinden Sie den emotionalen mit dem rationalen Teil in Ihnen. Lassen Sie sich nicht von Ihrem schlechten Gewissen leiten, nur weil Sie Ihrem Hund gegenüber mal Verbote aussprechen. Es gilt, die Authentizität und Einhaltung Ihrer Regeln als Voraussetzung für angemessenes Verhalten einzufordern.

Wenn Sie Ihrem Hund zu Hause die Krone aufsetzen, wird er nicht verstehen, warum er beim Spaziergang kein Königreich besetzen darf.

Konsequenz ist der Schlüssel zu einer entspannten Verbindung.

Seelenspiegel Hund.
Oft spiegelt sich im Verhalten unseres Vierbeiners eines unserer eigenen Probleme wider.

Der Hund als Spiegel der Gesellschaft

Gesellschaftliche Einflüsse können dazu führen, dass wir uns den Vierbeinern entfremden. Oder sie können Konflikte aufbrechen lassen, wo vorher Harmonie war. Denn Hunde lassen sich nicht einfach den Regeln der Gesellschaft unterwerfen. Oftmals zeigen sie uns sogar durch ihr Verhalten, wo auch wir unter den gesellschaftlichen Zwängen leiden.

Wenn Sie einen vermeintlich problematischen Hund haben, prüfen Sie doch einmal, ob Ihr Vierbeiner Ihnen vielleicht einfach nur den Spiegel vorhält:

> Mein Hund jagt unkontrolliert. Bin ich vielleicht unfrei und möchte mich verändern?

> Mein Hund pöbelt an der Leine. Bin ich ein freundlicher und offener Mensch?
> Mein Hund kann schlecht alleine bleiben. Bin ich gerne alleine?
> Mein Hund bellt sehr viel. Habe ich aufgestaute Energien und Emotionen?
> Mein Hund verfolgt und „stalkt" mich. Muss ich etwas loslassen?
> Mein Hund ist ängstlich. In welchen Situationen überkommt mich die Angst?

Nehmen Sie das Angebot an und betrachten Sie Ihren Hund als Lehrer fürs Leben.

Wider die Natur

Das Zusammenleben mit uns Menschen verlangt unseren Vierbeinern also einiges ab. Dabei sind Hunde von Natur aus Stressvermeider. Als soziale Lebewesen lieben sie ausgeglichene Stimmungen. Das konnte ich besonders gut an den Streunern und Hundegruppen in Portugal beobachten. Das Rudel war hervorragend organisiert und ausgeglichen. Jeder einzelne Hund konnte sich frei bewegen und streunen, und dennoch war ein Zusammenhalt in der Gruppe zu beobachten. Auf mich wirkten diese sozialen Hundeverbände sehr familiär und harmonisch. Alles hatte seine festen Regeln und Strukturen. Es war zwar in gewisser Weise eine hierarchische Lebensgemeinschaft zu beobachten, jedoch waren die Familienoberhäupter nicht ständig mit der Erziehung und Rangordnung beschäftigt. Jeder Vierbeiner hatte seine Aufgabe im Rudel, bis hin zu den Leithunden. Diese „Leittiere" waren jedoch nicht den ganzen Tag mit Führen beschäftigt. Alles war ganz natürlich miteinander verbunden. Für mich war es faszinierend, wie selbstverständlich die einzelnen Rudelmitglieder durch ihre Aufgaben und Fähigkeiten voneinander profitierten.

Es gab die „Späher und Melder", die das Revier durch verbale Laute vor Eindringlingen warnten und schützten. Andere wiederum waren mit dem sozialen Zusammenhalt der Gruppe beschäftigt. Hierzu dienten unter anderem das Chorheulen und Kontaktliegen mit körperlichem Abstand. Jeder Hund war für sich und doch mit den anderen verbunden. Es gab auch Rangkämpfe mit Angriffs- und Abwehrverhalten, wobei der eine oder andere schon mal eine kleine Verletzung davontrug. Ernsthafte Verletzungskämpfe konnte ich nur in Anwesenheit läufiger Hündinnen beobachten. Aber diese natürlichen Verhaltensweisen gehören zu einem Hundeleben ganz einfach dazu. Das kann ich übrigens auch häufig in meinem Revier für Hunde beobachten. Ohnehin kann ich immer wieder die Verbindung zwischen den Hundegruppen in Portugal und den Gruppen im Revier herstellen. Es bestehen so viele Ähnlich-

Wenn wir unsere Hunde in ihrer Kommunikation unterstützen, stärken wir ihr Selbstbewusstsein.

keiten, wenn man sich die Zeit und Ruhe nimmt, Hunde in ihrer Ausgeglichenheit unter Artgenossen zu beobachten.

Auch wir Menschen sehnen uns eigentlich nach Ausgeglichenheit. Unser voller Terminkalender zwingt uns aber oftmals dazu, auch zum Entspannen und Runterfahren feste Termine einzuplanen. Die Folge: Relaxen auf Knopfdruck in einer gestressten Gesellschaft.

Auf Knopfdruck entspannen?

Stellen Sie sich vor, dass sie gerade mit Ihrem Vierbeiner in der Natur unterwegs sind. Sie sitzen an einem Bach, Sonnenstrahlen glitzern auf der Wasseroberfläche, in den Bäumen ist das beruhigende Lied der Vögel zu hören. Sie und Ihr Hund fühlen sich in diesem Augenblick rundum wohl. Durch die Natur gelingt es, eine Verbindung zu den Wurzeln des Lebens herzustellen. In dieser Situation lernen Sie durch die Natur und Ihren Hund im Hier und Jetzt zu sein, Ihre Gedanken ziehen zu lassen, die Gegenwart und sich selbst zu erleben. Das ist einer dieser Momente, in denen auch Ihr Vierbeiner spürt, dass Sie loslassen können. Ein seltener Augenblick. Denn wie oft wird diese traumhafte Ruhe durch den schrillen Klingelton Ihres Handys gestört? Die Erinnerung an Ihren Yoga-Kurs oder eine andere Freizeitaktivität poppt auf dem Display auf. Jetzt müssen Sie sich entscheiden, ob Sie mit Ihrem Hund im Augenblick der Ruhe verharren oder gestresst Ihren Termin zur Entspannung wahrnehmen wollen.

Ablenkung vom Selbst

Der Stress beginnt schon mit unseren Gedanken an das, was wir tun wollen und sollen. Wir wollen schnell immer weiter zum nächsten kurzfristigen Ziel. Aber wo wollen wir wirklich hin? Wir erleben unsere Umwelt immer öfter in schnelllebigen Bildern. Viele Menschen verbringen mehr Zeit mit ihrem Handy als mit ihrem Partner. Im Zeitalter von Facebook und Co. überfluten uns immer neue Postings mit unzähligen Bildern des Liebsten oder des Mittagessens ... und werden so zur Selbstverständlichkeit.

Die meisten Menschen müssen immer irgendetwas tun, um sich von ihren wahren Gefühlen abzulenken. „Heimatlose Seelen auf der Suche nach Zuwendung und Liebe“ habe ich einmal diese Form der Bedürftigkeit genannt. Aber was geschieht mit uns, wenn die Sehnsucht keinen Hafen findet, wenn die Schnelligkeit nicht zu bremsen ist? Was, wenn uns das Entstressen immer schwerer fällt, wenn wir uns und andere kaum noch verstehen? Wenn wir versuchen, etwas Entspannung zu bekommen und in die Ruhe gehen, wird es laut im Kopf. Wir versuchen dann, uns mit unseren „Beschäftigungstherapien“ abzulenken. Schnell weg von der Möglichkeit, etwas in uns zu ändern. Wir brauchen die Ablenkung von außen, um nicht wahrzunehmen, was im Innern geschieht.

Hunde sind für uns oft rettende Inseln.

Wenn wir vom schnellen Strom der Gedanken mitgerissen werden, können wir die Orientierung verlieren. Hunde sind dann für uns rettende Inseln. Mit viel Gefühl und Geduld bereichern sie unser Leben,

In einer schnelllebigen Gesellschaft sind entspannte Momente besonders wertvoll.

Wer im Jetzt ist, der fühlt das Leben.

holen uns genau dort ab, wo wir uns gerade befinden. Sie nehmen uns so, wie wir sind. Anders als manche Menschen leben Hunde nicht in der Erinnerung an die Vergangenheit. Sie leben nicht in vergangenen Geschichten, sie erleben nur den Augenblick.

Hunde bereiten den Weg und begleiten uns auf der Reise in unbekannte Gefühlswelten. Welcher Hundehalter kennt nicht den Moment, in dem er gestresst nach Hause kommt und sein Hund ihn freundlich und voller Liebe begrüßt? Wie schnell sind wir dann im Hier und Jetzt. Wenn wir uns auf die Gegenwart einlassen, wie unser Hund sie erlebt, können wir frei von der Vergangenheit und Zukunft sein.

Tempo statt Ruhe

Auf meinem Weg mit Menschen und Hunden ist mir in den letzten Jahren aufgefallen, dass die Vierbeiner in unserer schnelllebigen Gesellschaft zunehmend dem gleichen enormen Stress ausgesetzt sind, den auch viele von uns täglich erleben. Für unsere Fellnasen sind wir Menschen häufig viel zu schnell unterwegs.

Das ist deutlich! Boxerrüde Tyson zeigt Bullterrier Paul unmissverständlich die Grenzen im Spiel.

Ruhephasen sind besonders wichtig für Hunde. Manche nehmen sich die Zeit der Entspannung von alleine, andere brauchen Unterstützung, um zur Ruhe zu kommen.

Unsere Vierbeiner faulenzen gerne und brauchen nach ausgiebigen Spaziergängen oder nach dem Besuch einer HuTa oder der Hundeschule viel Ruhe. Der Hund sollte dann einfach von allen Familienmitgliedern konsequent in der Ruhe gelassen werden. Ein ausgewogenes Verhältnis zwischen Bewegungs- und Ruhephasen trägt zu einem ausgeglichenen Hundeleben bei. Sie entscheiden, je nach Hunderasse und Alter, was Sie Ihrem Hund zumuten wollen. Hierfür gibt es kein Patentrezept. Was für den einen Hund gut ist, kann für den anderen zu viel sein.

Eine gute Orientierung bietet das natürliche Verhalten unserer Vierbeiner. In Hundegruppen wechseln sich aktive Phasen und Ruhephasen ab. Dies ist ein natürlicher Rhythmus.

Ab und zu innehalten

Halten doch auch Sie hin und wieder einmal inne, hetzen Sie nicht mit Ihrem Hund einfach nur durch den Park, sondern nehmen Sie sich auch mal die Zeit, sich einfach nur neben ihn zu setzen, die Natur wahrzunehmen und die Ruhe zu genießen. Sie brauchen diese Zeit genauso wie Ihr Hund.

Ganz entspannt Hund sein

Im Revier für Hunde tragen ausgiebige Ruhephasen zur Entspannung bei. In diesen können die Vierbeiner sich von zuvor Erlebtem wieder erholen und sich entspannen. Grundsätzlich nehmen Hunde sich instinktiv Auszeiten, um sich zu regenerieren. Nach Jagd- und Spielphasen folgen Schlaf- und Entspannungsphasen. Es gibt jedoch auch hyperaktive Hunde, die wir in unserer Hundetagesstätte gezielt mehrmals täglich in Ruhezonen zur Entspannung führen. Dies geschieht über die Ruhe und Ausgeglichenheit unserer Mitarbeiter. Hier gilt es, sich konsequent mit dem Hund in die Ruhe zu begeben und ihm zu zeigen, dass Ruhe nichts Ungewöhnliches ist. Denn das Verhalten, das ich bei den Hundegruppen in Portugal beobachten konnte, gleicht dem der Hunde im Revier. Deshalb sorge ich mit meinem Team dafür, dass unter den Hunden eine entspannte Atmosphäre herrscht, in der wir uns alle gut fühlen können. Die morgendlichen Abläufe im HuTa-Alltag beinhalten ausreichend Bewegung unter Artgenossen. Es gibt auch immer Arbeiten im Revier, bei denen die Hunde interessiert zuschauen und mitlaufen. Das Entfernen von Maulwurfshügeln, Hecken schneiden oder Hundehütten bauen, sind nur einige Arbeiten, bei denen die neugierigen Hunde mit Vorliebe dabei sind. Hinzu kommen beispielsweise hündische Verhaltensweisen wie das natürliche Zeitungslesen, das Buddeln von Erdlöchern in bestimmten Bereichen in unserem kleinen Wald und das Wälzen auf der großen Wiese. Hier im Revier dürfen Hunde einfach Hund sein und dennoch gelten auch hier bestimmte Regeln, die wir konsequent einhalten. Übermäßiges Bellen,

Relaxen ist wichtig. Hunde brauchen Bewegung und Entspannung in Gesellschaft von Artgenossen.

ausgeprägtes Dominanzverhalten, Mobbing und das Zerstören von Gegenständen werden von mir und meinen Helfern unterbunden. Hunde, die in unserer Gesellschaft häufig Anspannungen und Stress ausgesetzt sind, haben kaum noch Zeit, sich auszuruhen. Viele Hundehalter glauben zudem immer noch, sie müssten ihren Hund permanent bespaßen und beschäftigen, um einen ausgeglichenen Vierbeiner an ihrer Seite zu haben. Dabei ist dies ein fataler Fehler. Vor allem, wenn man bedenkt, dass auch erwachsene Hunde über den Tag verteilt mindestens zehn Stunden dösen oder schlafen. Welpen übrigens noch mehr. Vorausgesetzt, der Mensch lässt sie. Daher ist es gut, wenn Sie auf eine gesunde Mischung zwischen Bewegungs- und Ruhephasen achten.

Diese Phasen sind natürlich von der Rasse, dem Alter und dem Gesundheitszustand des jeweiligen Vierbeiners abhängig. Sie als Halter kennen Ihren Hund am besten und wissen, was für ihn gut ist. Wenn Sie unsicher sind oder einen erwachsenen Vierbeiner aus zweiter Hand haben, können Sie sich ein genaues Bild von Ihrem treuen Begleiter machen, indem Sie Ihren Vierbeiner gezielt beobachten. Denn so individuell wie bei Menschen ist auch bei unseren Hunden das Bedürfnis nach Aktivität und Ruhe. Daher gibt es keine allgemeine Formel hierzu. Bei meinen Hunden fällt mir immer wieder auf, wie individuell unterschiedlich sie sind. Pino, der Älteste, ist beim Spaziergang und auch zu Hause oft ruhig und verträumt, wohingegen meine Luna gerne etwas zügiger durch das Leben geht. Ich versuche, weder Pino anzutreiben noch Luna zu bremsen. Vielmehr versuche ich, mich in meine Hunde einzufühlen und zu spüren, was ihnen wirklich gut tut. Alles kann und

Sprechen Sie hündisch?

Ein Fühlen in entspannter Atmosphäre schenkt Vertrauen.

nichts muss. Vielleicht kennen Sie diese Momente auch aus Ihrem Leben? Manchmal gibt es Phasen und Tage, an denen Sie sich getrieben fühlen und mit Ihrem Hund durch den Spaziergang hetzen. Und an anderen Tagen fühlen Sie sich träge und schwer, die Spaziergänge fallen etwas kürzer aus und Sie verträumen einen Samstag auf der Couch. Hier ist Aktivität nicht der Mittelpunkt des Lebens und Ihr Hund wird Ihnen diesen gemütlichen Tag nicht übel nehmen.

Wortloses Kontaktliegen

Schauen Sie sich einmal an, wie Hunde unter Artgenossen dösen oder schlafen. Hier können wir beobachten, wie wichtig der respektvolle Kontakt zu anderen Vierbeiner auch in der Ruhe ist. Wenn Sie mit ihrem Hund auf der Couch ein wenig dösen, können auch Sie spüren, welchen positiven Einfluss das wortlose Kontaktliegen in entspannter Atmosphäre auf Ihre Beziehung hat. Es ist sehr wichtig für die Mensch-Hund-Freundschaft, gemeinsam in die Ruhe zu gehen. Kontaktliegen bedeutet nicht, dass Sie Ihrem Hund zu sehr auf die Pelle rücken, dies machen Hunde in Gruppen auch nicht.

Bei solchen Gelegenheiten können Sie auch einen „Streichelcheck“ durchführen. Fassen Sie ausgiebig die Ohren Ihres Hundes an, heben

Über klare Regeln kann der Hund lernen, wer die Verantwortung trägt.

Sie seine Lefzen hoch und kontrollieren Sie die Zähne Ihres Couchwolfs. Massieren Sie ihm die Pfoten und „zählen" Sie durch sanfte und gezielte Berührungen seine Zehen. Ein echtes Vertrauensritual. Ihr Tierarzt wird es Ihnen danken.

Hunde lieben ihren geregelten Tagesablauf und ihre Rituale – für Aktivitäten und für die Ruhephasen. Versuchen Sie, Ihren Tagesablauf so zu gestalten, dass es feste Ruhephasen für Ihren Vierbeiner gibt. Denn Hunde, die ständig aktiv sind, können mit Verhaltensauffälligkeiten wie zum Beispiel Nervosität, Überdrehtheit oder Aggression reagieren.

Beim Spielen wie auch beim Spaziergang ist es wichtig zu wissen: Wer die Führung übernimmt, bestimmt auch die Geschwindigkeit. Ich bevorzuge Spiele, bei denen die Nase eingesetzt wird. Für Hunde ist das intensive und anstrengende Arbeit, die von den meisten leidenschaftlich gerne ausgeführt wird. Die Vorarbeit leistet der Mensch – und der Hund folgt. Verstecken Sie beispielsweise etwas Futter oder sein Lieblingsspielzeug. Das können Sie zu Hause machen oder auch bei Spaziergängen. In Abständen können Sie immer wieder mit dem Hund in die Beschäftigung gehen. Bleiben Sie dabei ruhig und souverän. Damit verhindern Sie, dass der Vierbeiner mit hyperaktivem Verhalten aus einer Übung herausgeht.

Spaziergänge strukturieren

Bei Spaziergängen – nach Faulenzen eine Lieblingsbeschäftigung von Hunden – ist es wichtig, in Ruhe zu starten. Strukturieren Sie Ihre gemeinsamen Gassigänge. Das heißt: Bei einer Tour von 45 Minuten sollten etwa 15 Minuten disziplinierte Übungen eingebaut werden. Der Mensch führt, der Hund hat nichts anderes zu tun, als zu folgen. Kein Schnüffeln, kein Rennen, kein Spielen. Er unternimmt in der Zeit nichts auf eigene Faust. Anschließend geben Sie ihm das Zeichen für das Auflösen der Übung. Idealerweise sollte dies mit einem Signal einhergehen. Ich benutze dafür das Wort „frei". Vielleicht setzen Sie sich in dieser Zeit auf eine Bank und Ihr Hund gesellt sich zu Ihnen oder Sie beobachten ihn einfach einmal bei seinen Abenteuern.

Machen Sie Pausen und verlassen Sie sich auf Ihr Bauchgefühl. Wenn Ihr Vierbeiner beim Spiel in einen Stressbereich kommt, in dem er nicht mehr ansprechbar ist und nur noch hechelnd und bellend vor Ihnen steht, haben Sie es mit den Spielchen deutlich übertrieben. Genau wie wir Menschen brauchen Hunde die Möglichkeit, sich zurückzuziehen, um die Stressmomente der schnelllebigen menschlichen Umwelt zu verarbeiten. Ist dieser von der Natur vorgegebene Zyklus nicht gegeben, werden Mensch und Hund auf Dauer krank.

Einfach Hund sein, mit allem, was dazugehört – auch das sollten Sie zulassen.

Der Hund als Ersatztherapeut

Der beste Freund des Menschen scheint alle Sorgen und Nöte zu verstehen,... aber tut er das wirklich? Und: Ist das seine Aufgabe als Hund? Unsere Fellnasen helfen uns gerne auf ihre Art weiter.

Hunde übernehmen wichtige Aufgaben in unserer Gesellschaft:

> Sie helfen uns in Katastrophengebieten bereitwillig bei der Suche nach Verschütteten.
> Für Menschen mit Behinderung sind sie treue Begleiter im Alltag.
> Als Therapiehunde kommen sie im Dienste von Menschen jeden Alters zum Einsatz.

Und was fordern sie dafür? Nichts! Hunde erfüllen Aufgaben mit einer Selbstverständlichkeit, die mich immer wieder aufs Neue fasziniert.

Auch als Familienmitglied übernehmen Hunde verschiedene Funktionen: Der Vierbeiner dient als Kindersatz, als Tröster in Lebenskrisen oder als Statussymbol. Auf der Suche nach Zuwendung leben Menschen ihre Gefühle oft am Hund aus. Gefühle, die dort nicht hingehören. Der freiheitsliebende Wegbegleiter Hund kann dann ungewollt zum Ersatztherapeuten werden. Dabei vergessen wir, dass unsere sensiblen Hunde menschliche Verhaltensweisen und Stimmungsschwankungen nicht immer einordnen können.

Ungefilterte menschliche Emotionen können die meisten Hunde nicht kompensieren. Hunde leiden, wenn sie emotionale Lücken füllen sollen. Wenn der Hund etwa mit der Trennung zweier Menschen konfrontiert wird und bei einem Menschen bleiben kann oder muss, hat er die Möglichkeit, mit der Zeit zu lernen, sich an die neue Situation zu gewöhnen. Wird er dagegen ständig hin- und hergereicht, leidet er.

Ein Hund, der immer wieder Missstimmungen erlebt und kompensieren soll, der ständigen Streitereien ausgesetzt ist und den ganzen Tag die Probleme und das Leid der Menschen „anhören“ muss, braucht einen Ausgleich. Das können Spaziergänge und Begegnungen mit Artgenossen sein. Wenn Sie Ihrem Hund nicht die Möglichkeit bieten können, ihn wegen seiner sozialen Unverträglichkeit gegenüber Artgenossen nicht frei laufen lassen können oder er einen ausgeprägten Jagdtrieb hat, sollten Sie ihn an die Schleppleine nehmen und mit Hilfe eines Fachmanns an der Resozialisierung Ihres Hundes arbeiten.

Gerade in emotional belasteten Zeiten brauchen Hunde ihre vierbeinigen Freunde mehr denn je. Auch Besuche in einer HuTa können in einer solchen Phase für positive Ablenkung sorgen. Hier darf der Hund den Alltagsstress des Menschen außen vor lassen – ein Wellnesstag für die Hundeseele.

Natürliche Begegnungen für Mensch und Hund.

Wie stark der Mensch das Seelenleben des Hundes beeinflusst, zeigt die folgende Geschichte des Mischlingsrüden Sammy. Auch wenn die Sorgen und Nöte von den Menschen nicht bewusst und schon gar nicht gewollt an Sammy herangetragen wurden – sie prägten sein Verhalten dennoch grundlegend. Der überforderte Sammy hat seinen von Sorgen niedergedrückten Menschen einen Spiegel vorgehalten. Als sie in ihn hineinschauten und die Nöte ihres Vierbeiners erkannten, hatten sie zugleich den Schlüssel für den Weg zu einem neuen, unbeschwerten Miteinander in der Hand.

Es gibt nie nur einen Weg.

Sammy, der unruhige Geist

Irgendwann im Mai fand Sammy, ein acht Monate junger Labrador-Weimaraner-Mix, mit seinen Besitzern den Weg zu uns in das Revier für Hunde. Es war ein junges Pärchen mit einem sehr unruhigen und gestressten Vierbeiner, nennen wir sie Jenny und Flori. Beim gemeinsamen Spaziergang riss Sammy unentwegt an der Leine und war kaum zu halten. Als wir uns auf eine Bank setzten, hechelte er unentwegt, kratzte sich hektisch und konnte keine Minute ruhig sitzen oder liegen. Immer wieder fing er an zu winseln, zu fiepen oder zu bellen. Er kam einfach nicht in die Entspannung. Auch die Aufregung seiner Menschen war deutlich zu spüren. Mir fiel auf, dass Jenny unentwegt auf Sammy einredete und dadurch auch eine Unruhe auf ihren Partner übertrug. Sie erzählten, dass jeder Spaziergang eine Herausforderung sei und meist im Stress ende. Schon als Welpe sei der Rüde extrem unruhig gewesen.

Der Zappelphilipp kommt ins Haus

Als Sammy mit elf Wochen zu dem jungen Paar kam, hatten die beiden gerade eine schwere Zeit hinter sich, doch nun sollte alles besser werden: Zeit für „Familienzuwachs“. Kaum war Sammy eingezogen, verschlechterte sich Jennys gesundheitlicher Zustand. Sammy konsequent zu erziehen und ihm klare Regeln vorzugeben wurde unmöglich. Der junge Rüde wiederum spürte die Ängste seiner Menschen und ihre Unsicherheit. Er machte Stress, war hektisch und nervös und ließ sich durch keine Methode und kein Mittel beruhigen. In ihrer Verzweiflung nahm das Paar gezieltes Einzeltraining mit ihm, suchte in Büchern und Internetforen nach Hilfe und probierte unterschiedliche Erziehungsmethoden aus. Ohne Erfolg. Jenny fehlte es aufgrund ihrer Krankheit an Konsequenz und Kraft, als Führungsperson für Sammy eine sichere und zuverlässige Richtung vorzugeben. Durch Jennys Schwäche und Unsicherheit hatte Sammy einen Kontrollzwang entwickelt. Während Floris Abwesenheit übernahm er die Funktion des Partners – eine Rolle, die ihn überforderte und zunehmend in einen Stressmodus versetzte, der sich in seinem auffälligen Verhalten manifestierte.

Der erste Hunde-Kontakt im Revier

Als Sammy zum ersten Mal zum „Abnabeln“ in das Revier für Hunde gebracht wurde, hörten wir ihn schon vor der Türe lauthals bellen. Seine unruhige Energie war förmlich zu spüren. Im Sozialisierungsbereich lief er hektisch von einer Ecke zur anderen. Er wirkte sehr aufgebracht und unsicher und es schien, als nehme er seine Umwelt gar nicht wirklich wahr. Auch einige Hunde in der Gruppe reagierten schon auf Distanz am Zaun sehr gestresst, als Sammy das Revier betrat. Um sein Verhalten gegenüber Artgenossen zu beobachten, holten wir meine Hündin Luna in den Bereich, denn Luna hat für solche Hunde genau die richtige entspannte und beseelte Energie. Doch als wir Luna zu Sammy ließen, begrüßte er sie nicht gerade „gentleman-like". Völlig unkontrolliert und voll überschüssiger Energie stürmte er auf sie los und rempelte sie an. Anfangs blieb Luna ganz einfach nur stehen und ignorierte sein rüpelhaftes und respektloses Verhalten. Doch dann reichte es ihr: Sie maßregelte Sammy, indem sie ihn anknurrte. Da Sammy sich davon nicht beeindrucken ließ, bleckte Luna nach einer weiteren Belästigung die Zähne und hielt ihn so auf Abstand. Doch die Dreistigkeit und Distanzlosigkeit von Sammy konnte auch hierdurch nicht gebremst werden. Erst, nachdem Luna ihm mit einer körperlichen Attacke die Grenzen gezeigt hatte, reagierte er beeindruckt. Zumindest von Luna. Denn nun lief Sammy zu meiner Kollegin Andrea und bellte sie fordernd und belästigend an. Ein deutliches Zeichen einer Übersprungshandlung. Andrea diente dem unbeherrschten Sammy in diesem Moment als Blitzableiter und Stressempfänger.

Sammy – ein Seismograph auf dem Weg in die Ruhe.

Wege zur Ruhe

Als Sammy zum zweiten Mal zur Sozialisierung kam, konnte er es kaum erwarten, das Revier für Hunde zu betreten. Doch genau dieses Abwarten sollte er lernen. Zukünftig sollte es liebevolle Grenzen in Sammys Leben geben. Zudem brauchten wir neue positive Alternativen für sein chaotisches Verhalten. Durch gezielte und ausgiebige Hundekontakte stärkte sich Sammys Souveränität. Parallel arbeiteten wir an Jennys Führungsfähigkeiten: Sie lernte, sich in Geduld und Ruhe zu üben und eine klare Körpersprache zu zeigen. Eine unserer Übungen war, dass Jenny und Sammy zuerst ohne Ablenkung, später mit mehr Außenreizen, in der souveränen und konsequenten Ruhe bleiben sollten. Denn das war ein Problem für beide. Jenny und Sammy brauchten am Anfang zwei bis drei Termine à 30 Minuten pro Woche. In dieser Zeit spürte Jenny, dass sie sich wieder mehr auf ihr Bauch-

Durch die Sprache der Hunde konnte Sammy viel über seine Position im Rudel lernen.

gefühl verlassen konnte. Sie hatte gelernt, weniger mit Sammy zu sprechen. Und Sammy hatte gelernt, respektvoller mit Jenny umzugehen. Sammy war sichtlich beindruckt von der Veränderung und wirkte von Termin zu Termin immer entspannter. Das war aber nur ein erster Eindruck. Als wir bei einem erneuten Termin den ersten Hund zu ihm lassen wollten, fing Sammy schon von weitem an zu bellen und wechselte sofort in einen Stressmodus, in dem er kaum noch zu erreichen war.

Das unbewusste Warten

In die Ruhe brachten wir Sammy nach ungefähr zehn Minuten durch das „unbewusste Warten". Das gelingt, indem man bewusst Gefühle zulässt. So spürt man, dass hinter dem Stress die eigentliche Emotion sitzt. Ich nenne das emotionale Authentizität. Das hilft immer dann, wenn wir uns zu sehr auf das unerwünschte Verhalten eines Vierbeiners fixieren. Es bedeutet, sich eben nicht auf ihn zu konzentrieren, sondern auf die eigene Energie. Als Sammy ruhig war, durfte er mit Pino und Luna die zwei

„Haushunde“ vom Revier kennenlernen. Sie halten die Kommunikationsstufen unter Hunden vorbildlich ein und zeigen unseren „Frischlingen“, wo die zu respektierende Individualdistanz bei Hunden liegt. Sammy konnte genau diese Lehrstunde der Grenzeinhaltung gut gebrauchen. Durch die ausgeglichene Art von Luna und dank Pinos Konsequenz eines „Revierbesitzers“ erkannte Sammy, welches Verhalten erwünscht war und welches nicht. Durch den Umgang mit unterschiedlichen Artgenossen konnte Sammy nach und nach lernen, dass es bei Hunden verschiedene Charaktere gibt und dass jeder von ihnen eine andere Individualdistanz hat. So hatte Sammy in der „Hundeschule unter Hunden“ einen Platz in der ersten Reihe.

Zeit für die große Gruppe

Mit diesen Erfahrungen lernte Sammy die nächstgrößeren Hundegruppen kennen: Erst eine Gruppe von zehn, dann, mit seinen neuen Freunden, die große Gruppe von etwa 30 Hunden. Zum ersten Mal in seinem Hundeleben konnte Sammy sich unter so vielen Artgenossen bewegen und ihre mitreißende und zugleich beruhigende Energie spüren. Er schien die Begegnungen aus vollem Hundeherzen aufzusaugen. Er schnupperte, wälzte sich, rannte über das Gelände und schlug Haken wie ein Hase. Zwischendurch wurde er von einigen erfahrenen Hunden immer mal wieder etwas ausgebremst und in seine Schranken gewiesen. Dennoch: Sammy war im Revier für Hunde angekommen und genoss den Augenblick in vollen Zügen. Auch die Spaziergänge mit Jenny und Flori wurden Schritt für Schritt sicherer und stressfreier. Nur ein Problem war geblieben: Wenn sich niemand um ihn kümmerte, begann er Hunde oder Menschen anzubellen.

Sammys Bedürfnis nach Nähe und Schutz

Auch mich hatte Sammy schon einige Male angebellt. Als ich ihn und mich beobachtete, stellte ich fest, dass er mich immer dann anbellte, wenn ich nicht wirklich in meiner Ausgeglichenheit war. Es waren Augenblicke, in denen ich meine eigene „Hausmeister-Unruhe“ spürte. Ich nahm Sammys Verhalten als Geschenk und Spiegel. Er konnte mir als Seismograph helfen, vom Denken zum Fühlen zu wechseln.

Vor den Bellattacken suchte Sammy immer kurz körperlichen Kontakt zu Hunden oder Menschen. Als Sammy wieder einmal erste Anzeichen für eine Attacke zeigte, wartete ich ab, bis er meine Nähe suchte. Kurz bevor er wieder bellend von mir wegrennen wollte, nahm ich ihn und hielt ihn fest. Obwohl er anfing, hektisch zu strampeln, um sich loszureißen, blieb ich in meiner Ruhe und hielt ihn behutsam, aber bestimmt fest. Intuitiv versuchte ich, Sammy auf meinen Schoß zu nehmen. Nach einer Zeit pas-

Spielerisch zeigt Lia Sammy seine Grenzen.

sierte etwas für mich völlig Überraschendes: Sammy wurde in meinen Armen immer ruhiger und entspannter. Die Nähe und Zuwendung schien ihm zu gefallen. Er fühlte sich offensichtlich geborgen, und ich fühlte mich nach all den Monaten der intensiven Arbeit mit Sammy einfach nur glücklich.

Nachdem er sich komplett in der Ausgeglichenheit befand, setzte ich ihn wieder auf den Boden zurück. Er legte sich neben mich und seine Artgenossen und döste noch eine ganze Zeit vor sich hin. Die richtige Mischung aus Nähe und Distanz war es, die Sammy gefehlt hat.

Sammy bekommt eine Hundedame

Auch wenn sich das Leben der kleinen Familie in der Folgezeit entspannte – noch schien etwas zu fehlen: Sammy brauchte eine erfahrene und ältere Hundedame an seiner Seite. Sie sollte ihm zusätzlich Sicherheit, Ruhe und Orientierung geben. Auch wenn ich weiß, dass es vielfach nicht zu realisieren ist, fände ich es einfach klasse, wenn Hundehalter zumindest zwei Vierbeiner halten würden, da Hunde auch ein Recht auf einen hündischen Sozialpartner in ihrer Familie haben.

Natürlich müssen die Voraussetzungen dafür stimmen. Bei Jenny und Flori war es so und auch sie hatten schon öfter über einen Zweithund nachgedacht.

Jeder Hund ist ein Individuum. Deshalb gibt es keine festgelegte Methode, Hunde zu erziehen.

Bald schon hatten wir die ideale Kandidatin gefunden: Lia, so heißt sie heute, ist ein absoluter Sonnenschein: ausgeglichen und souverän. Zwischen Sammy und Lia „funkte" es auf Anhieb: Sie tollten über die Wiese, um anschließend gemeinsam im Gras liegend „Schnauzenzärtlichkeiten" auszutauschen. Lia hat genau die richtige sanfte Energie für Sammy. Und tatsächlich hat sich die Ruhe von Lia auf Sammy übertragen.

Wege zum Miteinander

Der Hund als Seismograph des Menschen

Wenn Sie Ihren Vierbeiner verstehen wollen, brauchen Sie ihn eigentlich nur genau zu beobachten. Nehmen Sie sich die Ruhe und die Zeit dazu. Hunde brauchen uns nicht zu studieren, sie kennen uns.

Unsere Vierbeiner lesen und spüren unser Verhalten und unser Fühlen wie ein Seismograph. So wie die gesamte Tierwelt auf Umwelteinflüsse reagiert, bevor der Mensch diese Veränderungen wahrnimmt, können unsere Fellnasen spüren, wenn es uns und der Natur nicht gut geht. Sie spüren ein Gewitter oder ein Erdbeben lange vor uns. Als ich vor einiger Zeit durch verschiedene Schicksalsschläge ein emotionales Tief erlebte, waren es die Hunde, die zuerst spürten, dass es mir nicht gut ging. Sie trösteten mich nicht auf meinem Leidensweg der Gedanken und Erinnerungen, sie holten mich freundlicherweise nur immer wieder in die Kraft der Gegenwart zurück. Das einfache Rezept von Hunden, im Hier und Jetzt zu leben, schenkt uns Augenblicke voller liebevoller Energie.

Beschwichtigungssignale, wie z.B. das Lecken über die Schnauze, dienen der eindeutigen Kommunikation unter Hunden.

Hunde sind tiefgründige Wesen, die mit hervorragenden Sender- und Empfängerqualitäten ausgestattet sind. Wenn wir uns unsicher fühlen, versuchen Hunde die Führung zu übernehmen. Wenn wir aggressiv sind, versuchen sie, uns mit all ihren Signalen zu beschwichtigen.
In einer hektischen Umgebung mit hektischen Menschen werden Hunde zu unruhigen Zeitgenossen und reagieren auf unser Verhalten mit Stresssymptomen wie beispielsweise ständigem Kratzen, übermäßigem Bellen oder dem Zerstören von Gegenständen. Wenn wir jedoch für uns einen Ort der Ruhe schaffen, wird auch ein unausgeglichener Hund uns dorthin folgen. Diesen Zustand der Entspannung erreichen wir nur mit Geduld und Liebe. Verlassen Sie sich auf Ihr Bauchgefühl und Ihr Hund wird Ihnen helfen, sich wieder mehr auf Ihre Gefühle einzulassen.

Hunde verstehen lernen

Durch das intensive Zusammenleben glauben die meisten Hundehalter, ihren Vierbeiner durch und durch zu kennen, immer genau zu wissen, wie er reagieren wird, was er fühlt. Doch durch die (zu) große Nähe verlernen sie, den Hund als Hund zu betrachten und zu erleben. Sie sehen ihre Hunde durch die menschliche Brille oder durch ihre persönlichen Bedürfnisse. Dadurch bremsen sie ihre Vierbeiner aus und verhindern, dass ihre vierbeinigen Wegbegleiter ihre Bedürfnisse ausleben können. Um unsere Hunde besser zu verstehen, können wir versuchen, uns auf ihre Ebene zu begeben. Bei Spaziergängen sollten wir uns wieder mehr Zeit für die

Wenn wir wollen, können wir uns erlauben, mehr zu fühlen als zu denken. Dann ist der Weg nicht ganz so schwer.

Gefühlvolle Momente zwischen Mensch und Hund festigen die Beziehung.

Auch der süße kleine Pino hat mindestens zwei hündische Seiten, die er ganz gezielt einsetzen kann.

Natur und für Augenblicke der Beobachtung nehmen und unseren Hunden auch bei ihren Begegnungen mit Artgenossen genauer zuschauen. Hier können wir so viel von Hunden und über sie lernen.

Die eigene Beobachtungsgabe schulen

Im Revier für Hunde habe ich seit fast einem Jahrzehnt die Möglichkeit, das Ausdrucksverhalten von Hunden in Gruppen ausgiebig zu beobachten. Daher weiß ich: Hunde wenden ständig ihre Körpersprache an, um miteinander zu kommunizieren. Welchen Rang ein Hund in einem Rudel einnimmt oder in welcher Stimmungslage er sich gerade befindet, macht er immer über seine Körpersprache deutlich: Schnauzenzärtlichkeiten, Knabbern, Körperpflege, Anrempeln, Knurren. Diese Kommunikationsmittel unter Hunden sind notwendig, um die Rangordnung im sozialen Miteinander immer wieder zu festigen. Dabei muss nicht jedes Ausdruckssignal immer die gleiche Bedeutung besitzen. So kann eine augenscheinliche Unterwerfung bei Hunden in manchen Situationen gar nichts mit Angst und Stress zu tun haben, sondern mit

Meine Beobachtungen

Wie sehr wir in unserer menschlichen Sicht befangen sind, habe ich gerade erst wieder an mir selbst erlebt: Als ich die Möglichkeit bekam, einen einwöchigen Wanderurlaub im Tramuntana-Gebirge von Mallorca zu erleben, hatte ich einige Bedenken, wie meine Hunde die Trennung von mir verkraften würden. Obwohl ich wusste, dass sie in der gewohnten Umgebung des Reviers und ihrem Zuhause waren, fiel mir der Abschied schwer. Ich ging jedoch so aus der Tür, als wollte ich nur kurz zum Einkaufen gehen. Denn für viele Hunde spielt es keine Rolle, wie lang wir weg sind, sie freuen sich einfach nur, wenn wir wieder da sind. Natürlich war ich nach ein paar Tagen neugierig, wie es wohl der Rasselbande gehen würde. Auf meine Frage, ob denn alles im Lot sei, antworteten mir meine Mitarbeiter am Telefon ehrlich und direkt: Ja! Denn: Meinen Hunden ging es blendend. Sie faulenzten in der Sonne, zeigten keine Anzeichen von Verlust oder Trauer und genossen ihr Hundeleben – auch ohne meine Anwesenheit. Obwohl ich instinktiv gespürt hatte, dass ich mir keine Sorgen machen musste, hatte mein Kopf versucht, mir etwas anderes zu erzählen.

Die Körpersprache unserer Vierbeiner ist vielstufig. Dazu gehören: Hochkampf unter Rüden, ...

... Rempeln und Rangeln ...

... und das Maulringen.

einer (Neu-)Verteilung der Rollen: Ein Hund übernimmt das Führen, der andere das Folgen. Das ist eine natürliche Rollenverteilung, die nichts mit Unterdrückung zu tun hat. Es handelt sich einfach nur um klare und eindeutige Naturgesetze. Um sie zu (er-)kennen braucht es nur eins: genaue Beobachtung. Doch viele Menschen vergessen ganz einfach, dass ihre „Hauswölfe" diese verschiedenen Verhaltensformen und Ebenen der Verständigung brauchen, um ihren Platz in der Hundewelt zu finden. Wenn wir Menschen unseren Hunden verbieten, die „taktile Sprache" einzusetzen, berauben wir sie ihrer Ausdrucksformen. Übrigens gilt auch für uns Menschen, dass die instinktive Körpersprache eindeutiger ist als tausend Worte. Wir sollten nur wieder lernen, sie zu leben und zu lesen.

Vertrauensverlust durch Vermenschlichung

Auch durch die gut gemeinte und liebevolle Vermenschlichung unserer Hunde berauben wir sie oftmals ihrer Hundenatur und ihrer Würde. Die Folge ist, dass wir zu wenig auf die natürlichen und hündischen Bedürfnisse eingehen. Der Hund wiederum ist mit den Anforderungen, die die Menschenwelt an ihn stellt, oft überfordert. Die Folge sind nicht selten gravierende Konflikte. Obwohl sich Zwei- und Vierbeiner doch nichts mehr

Hunde sind einfach beseelte Wesen auf vier Pfoten und ein wunderbares Geschenk der Natur.

Hunde haben viel Gefühl füreinander, jedoch vermenschlichen sie sich nicht.

wünschen, als eine entspannte Zeit zu zweit. Wenn wir dagegen lernen, unsere Hunde mit ihren ureigenen Bedürfnissen und Instinkten zu respektieren, werden wir sie besser verstehen.

Wenn wir die eigenen Emotionen permanent und ungefiltert auf den Hund übertragen und die natürlichen Signale des Hundes aus unserer menschlichen Perspektive deuten, begehen wir eine Grenzüberschreitung. Diese Vermenschlichung führt nicht nur dazu, dass die natürlichen Bedürfnisse des Hundes missachtet werden. Sie gefährdet auch die respektvolle Mensch-Hund-Beziehung und das gegenseitige Vertrauen. Im schlimmsten Fall kann gut gemeinte Zuwendung eine „Enttierung" des Vierbeiners zur Folge haben. Hierzu fällt mir eine kleine Geschichte aus dem Revier für Hunde ein.

Die vermenschlichte Finni

Es war ein Tag im Sommer 2013, als ein junges Pärchen und ihre Hündin Finni den Weg ins Revier fanden. Finni war eine kleine Mischlingshündin, die auf mich einen sehr unruhigen und unsicheren Eindruck machte. Das junge Paar wirkte sehr euphorisch und aufgeregt auf mich und meine Hündin Luna, die ich bei solchen Terminen sehr gerne als „Seismograph" einsetze. Die fiepende Finni saß bei ihrer Besitzerin auf dem Schoß und wurde bei unserem Gespräch mütterlich „durchgehuckelt". „Wenn ich das mache, beruhigt sie sich nach einer Weile", versuchte mich die junge „Hundemutter" zu überzeugen. Doch auch nach fast zehn Minuten war keine Entspannung bei Zwei- und Vierbeiner zu spüren. Immer wieder redete die Hundebesitzerin auf Finni ein. „Bist du aufgeregt mein Schatz? Du brauchst nicht aufgeregt zu sein, hab keine Angst, ich bin doch bei dir." Dabei streichelte sie ihren Hund mit hektischen Berührungen – und Finni fühlte sich in ihrem Verhalten verstanden und bestärkt. Ich bat die junge Frau, ihre Fellnase einmal ihrem Partner zu geben, um zu sehen, ob sie dort dasselbe Verhalten zeigen würde. Doch Finni wollte auf gar keinen Fall auf den Arm des Partners. Sie wehrte sich mit allen Kräften gegen die liebevoll gemeinte Zuwendung des „Hundepapas". Finni war offensichtlich mit dieser Situation völlig überfordert und wir mussten Alternativen suchen, um ihr ein stressfreieres und hündisches Leben zu bieten. Denn spätestens, wenn das Pärchen demnächst Nachwuchs erwarten würde, wäre der Stress für Finni noch schwerer zu bewältigen. Sie wäre nämlich nun nicht mehr die Nummer eins. Aber genau das hatte sie von ihrer „Hundemama" fast ein Jahr lang gelernt.

Natürlich darf ein Hund auch geknuddelt werden. Nur übertreiben sollte es der Mensch mit seiner Zuwendung nicht.

Die Geschichte von Finni zeigt eines sehr deutlich: Wenn wir Hunde vermenschlichen, wenn wir nur unsere persönlichen Bedürfnisse befriedigen und das vierbeinige Familienmitglied nicht mehr als Tier sehen und erleben, schaden wir ihm, uns und unserem Verhältnis zueinander. Dass wir persönliche Bedürfnisse haben, ist völlig normal und legitim. Nur sollten wir darauf achten, sie nicht ständig am Hund auszuleben. Wir sollten lernen, unsere Fellnasen als Hunde zu respektieren – und sie nicht mit unserer menschlichen Liebe und Zuwendung ersticken. Zumal: Wenn wir ständig auf der Suche nach Zuwendung sind, zeigen wir unserem Hund unsere Schwäche und dies ist in der Hundewelt ein Zeichen für Unsicherheit.

Wir sollten lernen, uns wieder mehr von unserem Bauchgefühl als von unserem Kopf leiten zu lassen und unseren Hunden zuliebe die natürlichen Fähigkeiten wiederzuentdecken, die uns die Natur auch in unseren Hunden zeigt.

Ungesunde Nähe – gesunde Distanz

Wir alle sind durch Familie und Beruf eingespannt. Wenn wir uns dann eine entspannte Zeit für unsere Hunde nehmen, besteht schnell die Gefahr, dass wir sie mit zu viel Nähe und Zuwendung überfordern. Zugespitzt ausgedrückt: Bisweilen wird der Hund als Projektionsfläche für andere Wünsche genutzt. In besonders ausgeprägter Form dient der Vierbeiner als Kinder- oder Partnerersatz. Oft folgt daraus eine übertriebene Fürsorge. Die Folge ist vielfach ein nicht artgerechtes Hundeleben. Gut gemeinte permanente Zuwendung und liebevolle Betreuung entwickeln eine Eigendynamik. Der Hund wird gefühlt zum Mittelpunkt der Erde und zum Spielball der menschlichen Emotionen. Dabei wird die natürliche Individualdistanz des Hundes ständig unterschritten. Durch dieses Verhalten kann der Vierbeiner nicht lernen, in der Sozialstruktur seinen festen Platz zu finden. Wenn Sie aber lernen, Ihren Hund zu verstehen, werden Sie Ihr menschliches Bedürfnis nach emotionaler Zuwendung zurücknehmen und den Hund als Hund sehen und respektieren. Und Ihr Vierbeiner wird Ihnen für diese Berechenbarkeit ausgeglichen hündisch danken.

Zumal unsere vierbeinigen Begleiter immer wieder Distanz brauchen. Ist der gestresste Mensch zu nah am Hund, kann dies die beste Beziehung stören und den ausgeglichensten Vierbeiner zum Problemfall machen. Ein Hund, der im falschen Moment mit zu viel respektloser Nähe von seinem Menschen konfrontiert wird, ist oftmals in seinem Stolz und seiner Würde als Hund beeinträchtigt. Stellen Sie sich vor, ein zehn Monate alter pubertierender Rüde, der sich ausleben und ausprobieren möchte und die bereits gesetzten Grenzen in Frage stellt, wird so fürsorglich und feinfühlig wie ein 5-jähriges Kind behandelt ... Gehen Sie bei der Erziehung Ihres Vierbeiners nicht in die Vermenschlichung, denn dies führt zu Problemen in der sozialen Gemeinschaft zwischen Mensch und Hund.

Zudem kann eine Zuwendung im falschen Moment ein unangemessenes Verhalten Ihrer Fellnase verstärken. Wenn Sie Ihren Hund loben und streicheln, wenn er aufgeregt ist, untermauern und füttern Sie die Position seines unsicheren Egos. Dabei wird das negative Verhalten des Hundes durch das Fehlverhalten des Menschen verstärkt und gefestigt, sodass ein unerwünschter ritualisierter Ablauf entstehen kann. Gerät das Gleichgewicht in der Mensch-Hund-Beziehung ins Wanken, sind Probleme fast unvermeidlich.

Keep cool

Haben Sie einen sehr aufgeregten Hund vor sich, versuchen Sie, ruhig und bestimmt zu bleiben, auch wenn das gerade in Situationen besonders schwer fällt, die Stress auslösen. Legen oder setzen Sie sich auf den Boden. Warten Sie ab, bis Ihr Vierbeiner zu Ihnen kommt. Unruhiges, respektloses und unausgeglichenes Verhalten ihres Hundes sollten Sie ignorieren, gegebenenfalls wortlos korrigieren, indem Sie sich abrupt von ihm abwenden.

Die kurze, gezielte und instinktive Körpersprache sagt einem Hund oft mehr als tausend therapeutische Worte.

Wichtig ist, dass wir die richtige Energie einsetzen und nicht mit hilfloser und verzweifelter „Angstdominanz“ vor unseren Vierbeinern stehen und ihnen ständig beibringen wollen, wer die Hosen anhat. Seien und bleiben Sie authentisch. Wenn Sie nicht bei sich sind, können Sie nicht bei Ihrem Hund sein, um ihm Sicherheit und Vertrauen zu schenken. Seien Sie ruhig und bestimmt. Wenn Ihre Fellnase merkt, dass Sie sich entspannen und sie Ihnen nach einer gewissen Zeit in dieses Gefühl folgt und entspannt neben Ihnen liegt, können Sie sie ausgiebig schmusen und streicheln. Wenn Sie diese Regeln der respektvollen Nähe und Distanz befolgen, kann Ihr Vierbeiner in einem Umfeld mit berechenbaren Menschen leben.

Molly möchte gerade keinen Körperkontakt. Das macht sie über ihre Körperhaltung deutlich. Und ich lasse sie in dieser Zeit einfach in Ruhe.

Meine Beobachtungen

Ich habe oft beobachtet, dass Hundehalter ihren Vierbeiner bei ihrer Heimkehr zuerst übermäßig und euphorisch begrüßten, um ihn dann auf seinen Platz zu verweisen. Für den aufgewühlten Vierbeiner ergibt das keinen Sinn. Das Verhalten passt einfach nicht zusammen. Eine mögliche Alternative sähe so aus: Verhalten Sie sich beim Nachhausekommen ruhig und diszipliniert. Verbreiten Sie keine Hektik. Lassen Sie sich nicht von der nervösen und unausgeglichenen Energie Ihres Hundes anstecken. Bleiben Sie bei sich, in Ihrer Ruhe und Gelassenheit, auch wenn Ihr Vierbeiner eine Weile braucht, um Ihre Regeln zu akzeptieren. So wird Ihr Hund langsam lernen, sich auch bei Besuch angemessen und respektvoll zu verhalten. Das gleiche ruhige und disziplinierte Ritual sollte auch vor jedem Spaziergang zur Routine für Mensch und Hund werden.

Distanzlose Hunde

Viele Hundehalter kennen auch distanzloses Verhalten durch ihren Vierbeiner: Kontinuierlich beobachtet er seinen Menschen, folgt ihm auf Schritt und Tritt, oft sogar bis zur Toilette. Viele Hundebesitzer empfinden ein solches Verhalten erst einmal als einen Ausdruck der Zuneigung. Sie glauben, ihr Hund würde sie lieben, weil er sie ohne Unterlass verfolgt und beobachtet.

Tatsächlich jedoch hat dieses Verhalten meist nichts mit einer gesunden Mensch-Hund-Beziehung zu tun. Vielmehr handelt es sich um ein zwanghaftes Verhalten: Der fellnasige Mitbewohner kontrolliert und „stalkt" seinen Zweibeiner. Oftmals liegen die Gründe für dieses Verhalten in der undurchsichtigen und wackeligen Beziehung zwischen Mensch und Hund. Wenn der Hund seinen Besitzer ständig verfolgt, kann dies einerseits mit Verlustangst und andererseits mit Kontrollzwang zu tun haben.

Erst einmal genießen die meisten Menschen die Nähe Ihres „stalkenden" Hundes, weil sie ein Bedürfnis nach Zuwendung haben. Ist dieses Bedürfnis gestillt, empfindet der Hundebesitzer die anfänglich als angenehm erlebte Distanzlosigkeit bisweilen als lästig. Die mögliche Folge: Er weist den Hund verärgert auf seinen Platz und weist ihn an, dort zu bleiben. Für den Vierbeiner ist dieses Verhalten völlig widersinnig. Er versteht die Welt nicht mehr und reagiert vielfach mit neuen

Verhaltensauffälligkeiten, wie beispielsweise übermäßigem Bellen, Revierverteidigung und Unruhe. Angst, Aggression und Unsicherheit sind weitere Reaktionen auf unser menschliches Verhalten, das dem Hund paradox erscheint. Wir haben es in der Hand, durch eindeutiges und konsequentes Verhalten dem Hund Souveränität zu zeigen und Sicherheit zu geben.

Wir stehen in der Verantwortung, unseren Hunden ein hundgerechtes Umfeld zu schaffen.

Führung übernehmen

„Stalkende" Hunde neigen dazu, neben ihrem Menschen auch Haus und Garten zu überwachen – und sind in vielen Fällen damit einfach überfordert. Das zeigt sich auch in ihrem Verhalten, wenn Besuch „ihr" Haus betritt. Läuft der Hund aufgeregt und bellend durch die Wohnung, wird dies oft als freundliche „Begrüßungsgeste" der Besucher ausgelegt. Er darf bildlich gesprochen die „Eintrittskarten" abknipsen, also den Besuch kontrollieren und bekommt für dieses Verhalten auch noch positive Zuwendung. Oder der Mensch kapituliert angesichts des unerwünschten Verhaltens und sperrt den Vierbeiner im schlimmsten Fall in ein anderes Zimmer. Was soll er dort lernen? Nur eines: Er lernt, dass Besuch etwas Negatives ist, weil er deswegen isoliert wird. Sperren wir denn unser Kind weg, wenn die neuen Nachbarn zu Besuch kommen und sich unser Kind merkwürdig verhält?

Entspannte Abenteuer erleben.

Der Zwang, seinen Menschen und seine Umgebung zu kontrollieren, setzt sich auch beim Spaziergang fort. Das bedeutet Reizüberflutung und Stress. Die Fellnase kommt nicht in eine ausgeglichene Stimmung. In solchen Situationen sollten daher immer wir Menschen die Führung übernehmen.

Erklären Sie auch dem Besuch, wie er sich verhalten soll. Geben Sie Ihrem Hund durch Ihr ausgeglichenes und souveränes Verhalten die Chance zu lernen, dass Sie die Situation im Griff haben, er aber natürlich teilhaben darf. Seien Sie Ihrem Vierbeiner in diesen Momenten nicht böse, wenn er zunächst noch aufgeregt ist. Schließlich reagiert er nur auf unsere inkonsequente Haltung.

Es ist unsere Pflicht als Hundehalter, unseren Hunden die Möglichkeit zu geben, von uns zu lernen.

Die Angsthündin Gina

Gina kam vor etwa zwei Jahren in das Revier für Hunde. Sie sollte als HuTa- und Pensionsgast die Zeit bei uns verbringen, in der ihre Besitzerin arbeiten ging oder in Urlaub war. Am Telefon hatte uns die Besitzerin Gina als sehr ängstlich und verstört beim Kontakt mit fremden Hunden beschrieben. Tatsächlich bestätigte sich das auch beim ersten Kontakt mit Artgenossen in Anwesenheit von Frauchen: Wir erlebten eine ängstliche Hundebesitzerin und einen extrem unsicheren Hund.

Verständnis und Vertrauen

Als Gina zum ersten Mal zum „Abnabeln" zu uns kam, hatte ich Frühdienst. Bereits am Tor wurde ich von der Angst von Mensch und Hund förmlich überschüttet. Mit vor Angst unruhiger und unsicherer Stimme versuchte mich die Besitzerin davon zu überzeugen, dass Gina besser nicht direkt mit so vielen Hunden in Kontakt kommen sollte. Ich versuchte die junge Frau zu beruhigen, indem ich ihr erklärte, dass die Eingliederung von Gina schrittweise erfolgen würde. Während ich Gina jetzt mit ins Revier nähme, könne sie draußen Platz nehmen. Es dauere nur zehn Minuten, dann kämen wir wieder raus und sie könne sich in der Videoaufzeichnung anschauen, was drinnen im Revier geschehen sei, denn ich begleite die ersten Termine immer mit der Videokamera, damit eine Vertrauensbasis zwischen mir und dem Hundebesitzer aufgebaut werden kann: Er kann sehen, was im Revier geschehen ist. Zusätzlich dienen diese Aufnahmen natürlich auch meiner kleinen Forschungsarbeit mit Hunden.

Angst überträgt sich

Auf dem Weg zum Sozialisierungsbereich spürte ich, dass sich die Unsicherheit der jungen Frau auf mich übertragen hatte, dass meine Gedanken dadurch manipuliert worden waren – trotz meiner jahrelangen Erfahrung. Überrascht stellte ich fest, dass sich meine Unsicherheit auch auf den ersten Hund übertrug, den ich zur zitternden und unsicheren Gina ließ. Dabei handelte es sich um einen erfahrenen und souveränen Vierbeiner. Weder zu ihm noch zu einem weiteren Hund, den ich in den Bereich holte, wollte Gina Kontakt herstellen. Auch der dritte Versuch blieb erfolglos. Meine Unsicherheit war in diesem Augenblick nicht nur für mich spürbar. Wie sollte ich mit diesem Gefühl weiter verfahren?

Ich bewege mich gerne auf die Ebene der Hunde, um auf „Augenhöhe“ kommunizieren zu können.

Die Energie des Rudels und meine Intuition

Der Kreislauf der Angst hätte sich nun fortsetzen können. Entgegen meiner ersten Überlegung, Gina jetzt wieder zu ihrem Frauchen zu bringen, verließ ich mich auf meine Intuition und setzte auf die ausgleichende Wirkung der Revier-Hunde. Daher beschloss ich, Gina mit der ruhigen Energie des Rudels vertraut zu machen. Bestärkt wurde ich in dem Entschluss, als ich spürte, dass eine Gruppe von acht Hunden am Zaun des nächsten Sozialisierungsbereichs sehr ausgeglichen und ruhig auf Ginas Anwesenheit reagierte.

Weder kommentierte noch bewertete ich das ängstliche Verhalten von Gina, sondern versuchte, bei mir und dem guten Gefühl im Jetzt zu bleiben. Genauso wie unsere Hunde es mich täglich lehren. In diesem Moment war ich Lehrer und Schüler zugleich. Jetzt war der Augenblick der Begegnung gekommen: Ich öffnete die nächste Tür.

Gedanken und Gina loslassen

Ich ließ nun meine „Hausmeistergedanken“ los und ging mit Gina an der Leine in den nächsten Bereich, in dem sich acht sehr ruhige und selbstsichere Hunde befanden. Gina und ich wurden Pfote um Pfote, Schritt um

Schritt immer lockerer. Daher beschloss ich, die gute Energie der Hunde, die sich auf Gina und mich auswirkte, zu nutzen, und mit Gina und den acht Hunden im Gefolge in den nächsten Sozialisierungsbereich mit einer Gruppe von weiteren 15 Hunden zu gehen. Das Ergebnis war faszinierend: Gina wurde zusehends lockerer und nahm immer mehr Sozialkontakt zu ihren rücksichtsvollen Artgenossen auf. Keiner von den anderen Hunden schien sie wegen ihrer Angst zu „bedauern", keiner bestätigte und bestärkte Gina in ihrer Unsicherheit, keiner der Hunde mobbte sie. Mit dem Ergebnis, dass Gina Pfote für Pfote immer angstfreier wurde. Auf diesen Moment hatte ich gewartet: Ich ließ Gina auf der großen Wiese mit etwa 35 Hunden von der Leine. Ich ließ sie frei, wie ich mich zuvor von meinen störenden Gedanken befreit hatte.

Frei von Angst

Gina bekam ihre – allen Hundebesitzern bekannten – „wilden fünf Minuten" und fegte wie ein Wirbelwind mit einigen Hunden aus der Gruppe über das 6.000 qm große Areal. Sie wirbelte über die große Wiese und durch das kleine Wäldchen und freute sich ganz offensichtlich und frei von Ängsten ihres Lebens.

Nach einer Weile jedoch wurde Gina von Molly, einer unserer „Therapiehündinnen", gebremst. Zuerst wunderte ich mich ein wenig über das Verhalten von Molly. Nach einigen Besuchen von Gina im Revier für Hunde stellte sich jedoch heraus, dass sie eine sehr freche und draufgängerische Zicke sein konnte. Molly hatte das schon beim ersten Kontakt mit Gina erkannt und sie deshalb beim Jagdspiel gemaßregelt. Hunde erkennen sich oft schon bei der ersten Begegnung und „sagen" sich klar die Meinung.

Die Besitzerin und ihr Problem mit der Angst

Als ich Gina nach ungefähr dreißig Minuten von ihren neuen Freunden trennte, war sie nicht sehr begeistert, so wohl fühlte sie sich mit ihren Artgenossen. Ihre Besitzerin erwartete ihre „arme, kleine Maus" schon sehnsüchtig und begrüßte ihren Vierbeiner euphorisch. Gemeinsam schauten wir uns die Videoaufnahmen an – von der ersten, angstbesetzten Begegnung mit wenigen Hunden bis hin zum befreiten und energiereichen Zusammentreffen mit der großen Gruppe. Zwar freute sich Ginas Frauchen über den Verlauf der Begegnungen. Jedoch betonte sie auch immer wieder, wie traurig die ersten Sequenzen seien und wie deutlich man Ginas Angst sehen könne. Tatsächlich war es jedoch ihre eigene Angst, die sie auf Gina projizierte. Während Gina die übertragene Angst beim Zusammentreffen mit ihren Artgenossen abschüttelte, musste die Hundehalterin erst lernen, sich davon zu befreien, damit Gina sich zu einem selbstbewussten Hund entwickeln konnte.

Die Brücke zwischen Mensch und Hund

Die gesunde Mensch-Hund-Beziehung

Die gesellschaftlichen Zwänge, die Vielzahl der Erziehungsmethoden und die noch größere Zahl an guten Ratschlägen für die perfekte Mensch-Hund-Beziehung haben vor allem eins zur Folge: Wir verlieren aus dem Blick, was wir intuitiv über ein gesundes Verhältnis zwischen Zwei- und Vierbeinern wissen.

Wollen Sie eine gesunde Mensch-Hund-Beziehung? Dann setzen Sie das Fühlen an die Stelle des Denkens. Das erste Bauchgefühl ist entscheidend, nicht der erste Gedanke. Plagen Sie sich nicht mit einem schlechten Gewissen herum. Weniger ist oftmals mehr.

Räumen Sie auf mit Vorstellungen, die Sie aus der Menschenwelt in die Hundewelt übertragen. Oder würden Sie Ihrem Hund bei unangemessenem Verhalten Ihnen gegenüber, einen Tee anbieten und sein Verhalten mit ihm diskutieren? Na also! Ihr Hund will einfach kein Mensch sein und stundenlang therapiert werden. Manchmal reicht ein direktes lauteres „Hey“ oder ein abruptes Wegdrehen, um das Verständnis füreinander wieder herzustellen.

- Machen Sie die Mensch-Hund-Beziehung nicht zu kompliziert. Lassen Sie einfach auch schon mal ein „Silberrücken-Grollen“ raus. Hunde verständigen sich übrigens sehr oft verbal, wenn man sie hündisch kommunizieren lässt: Sie fiepen, knurren, heulen und können ganz schön laut bellen, um sich zu verständigen und ihren Gefühlen Luft zu machen. Das liegt in ihrer Natur. In unserer auch.
- Machen Sie bei Ihrem Vierbeiner klare Ansagen. Seien Sie eindeutig.
- Versuchen Sie, konsequent mit sich selbst zu sein – und Ihr Hund wird es Ihnen danken.
- Bitte lieben Sie Ihren Hund, aber zeigen Sie es ihm nicht den ganzen Tag. Denn er ist ein Hund und er ist das gerne, so wie Sie gerne ein Mensch sind.
- Setzen Sie Ihrem Hund Grenzen – jedoch, ohne aggressiv zu sein. Ihr Hund sollte Respekt vor Ihnen haben, aber keine Angst. Wenn Ihr Hund Angst vor Ihnen hat, kann er nichts lernen.

Pino (rechts im Bild) zeigt Mizi die Zähne. So sieht eindeutige hündische Kommunikation aus.

- Nehmen Sie sich mehr Zeit für sich. Entwickeln Sie einen gesunden Egoismus, durch den Ihr Vierbeiner spürt, dass es Grenzen gibt. Sie dürfen Ihrem Hund auch verbieten, Ihre Individualdistanz zu unterschreiten.
- Sagen Sie „Nein“ und bleiben Sie dabei. Ohne schlechtes Gewissen! Hunde tun dies untereinander regelmäßig, ohne darüber nachzudenken, ob sie dadurch ein „schlechter Hund“ werden.
- Sagen Sie Ihrem Hund bei einem Verbot nicht zehn Mal „Nein“, wenn Sie nur das geringste Gefühl eines kleinen „Jas“ in Ihren Ausdruck legen. Sagen Sie „Ja“ zu Ihrem „Nein“ – und bleiben Sie dabei. Machen Sie doch auch mal einen Test bei Ihren Mitmenschen. Sagen Sie auch hier einfach mal „Nein“.
- Auch Hunde haben manchmal Stress miteinander. Dabei kann es laut werden und einer vielleicht auch eine Verletzung davontragen. Dadurch entsteht aber noch lange kein „Hundeweltkrieg“. Bei uns Menschen ist dies etwas anders. Lernen Sie von den Hunden: Laut zu sein, ist kein Verbrechen. Indem Sie laut werden, schaffen Sie sich Platz und Raum für frische Energien.

Ihr Weg zu Ihrem Hund und sich selbst

Einfach einmal unabhängig von der Manipulation der Gesellschaft zu sein ist der Schlüssel für die Tür in die Freiheit von Gedanken.

Natürlich können wir nicht alle einfach losziehen und unsere vermeintliche Sicherheit aufgeben. Aber wir können in unserer Freizeit versuchen, kleine Reisen in die Natur zu unternehmen. Gemeinsame ausgiebige und abenteuerliche Spaziergänge intensivieren die Mensch-Hund-Beziehung und tragen zu einem harmonischen Miteinander bei.

Gehen Sie mit Ihrem Hund in den Wald oder auf ein offenes Feld. Nehmen Sie sich Zeit, um in der Natur unterwegs zu sein. Freuen Sie sich daran, dass Sie einen Hund als Freund an Ihrer Seite haben, der Sie einfach so nimmt, wie Sie sind. Schreien Sie, wenn Ihnen danach ist. Lachen Sie laut, ohne darüber nachzudenken, was andere Menschen wohl jetzt von Ihnen halten. Laufen Sie mit Ihrem Vierbeiner an einem Strand um die Wette und lassen sich in den Sand fallen. Wenn wir mit unseren Hunden eine gemeinsame Zeit am Meer verbringen, spüren wir, wie entspannt und frei ein Spaziergang sein kann. Hier können auch unsere Hunde frei mit Artgenossen kommunizieren und mal ganz ausgelassen Hund sein. Spaziergänge mit Hunden am Meer sind einfach nur entspannend und wunderschön.

Tanzen Sie mit Ihrem Hund einfach mal durch den Regen. Wundern Sie sich bitte nicht, wenn Ihre Feuchtnase zukünftig bei Regen gerne mit Ihnen spazieren gehen möchte.

Was wäre, wenn ...

Stellen Sie sich vor, Sie würden all Ihr Hab und Gut verkaufen und Ihren Job kündigen, um sich mit Ihrem Hund auf eine Reise zu begeben. Mit einem Rucksack voller Zeit und einem Schneckenhaus auf dem Rücken beginnen Sie Ihre Reise. Lassen Sie einfach einmal los und nutzen Sie den gemeinsamen Weg, um sich besser kennenzulernen.

Mit dem ersten Schritt der Reise wird Ihr Vierbeiner Ihr Lehrer und Kompass sein. Es entsteht eine harmonische Verbindung, die auf gegenseitigem Vertrauen und einem besseren Miteinander aufbaut und immer neue Türen der Verbundenheit öffnet. Hier können wir die echte Beziehung zu unserem Hund erleben.

Verträumen Sie einfach mal mit Ihrem Hund die Zeit. Lassen Sie sich auf die Natur ein, lassen Sie sich von Ihren Instinkten durch die Felder und Wälder leiten. Machen Sie sich frei von Zwängen. Verstellen Sie sich nicht, versuchen Sie, offen und ehrlich zu sein. Ihr Hund wird Ihnen den befreienden Kontrollverlust auf Zeit nicht übel nehmen und Ihnen gerne und vertraut folgen. Erleben Sie Ihre Gefühle als einen Teil Ihrer selbst. Wie fühlt sich das an? Sind diese Gefühle befreiend? Schauen Sie sich in solchen Momenten Ihren Hund an. Er liebt das verspielte Kind in Ihnen.

Vergessen Sie dennoch nicht, für ihren Hund ein souveräner „Freund" auf Ihren gemeinsamen Wegen zu sein, der in der vollen Verantwortung zu dieser Beziehung steht. Bleiben Sie berechenbar und authentisch für Ihren Hund und Sie werden eine innige Freundschaft ohne Druck und Zwang aufbauen können.

Hunde brauchen Bewegung, um überschüssige Energie freizulassen.

Befreien Sie sich vom Perfektionismus

Genießen Sie die gemeinsame freie Zeit mit Ihrem Hund. Machen Sie sich frei von Überlegungen zur Hundeerziehung. Es gibt Wichtigeres, als immer mit Ihrem Hund zu üben: die Beziehung zu sich und Ihrem Hund. Versuchen Sie einmal, sich und die Dinge des Lebens etwas gelassener zu sehen. Ihr Hund muss nicht immer funktionieren. Nehmen Sie ihn zum Vorbild: Bei ihm muss nicht immer alles sofort und perfekt erledigt werden. Leben Sie mit Ihrem Vierbeiner Ihr Leben und Ihre Gefühle. Für dieses Verhalten brauchen Sie keinerlei Hilfsmittel und keinen Ratgeber. Dieses Verhalten ist ein Teil von Ihnen. Es hilft Ihnen und Ihrem Hund, sich besser zu verstehen. Akzeptieren Sie sich so, wie Sie wirklich sind. Ein Mensch mit Höhen und Tiefen, mit Stärken und Schwächen, ein Lebewesen halt, so wie Ihr Hund.

Finden Sie Ihre innere Stärke

Um ein zuverlässiger Partner sein zu können, brauchen Sie innere Ausgeglichenheit und Ruhe. Diese innere Stärke erreichen wir mit Disziplin und Geduld. Wenn wir mit unserem Hund beim Spaziergang unterwegs sind, sollten wir uns auch nur mit dem Spaziergang beschäftigen und leiten lassen. Hier können wir unserem Hund auf natürliche Weise klarmachen, wer in der Beziehung die Verantwortung trägt. Die Natur mit allen unseren Sinnesorganen wahrzunehmen, ist eine Übung, um zu erleben, in welcher instinktiven Welt unsere Hunde unterwegs sind. Der Spaziergang ist das Abenteuer zwischen dem Losgehen und dem Ankommen und nicht die schnelle Runde um den Block. Der Weg ist der Weg und nicht das Ziel. Nur wer sich die Auszeit in der Natur ohne Ablenkung gönnt, kann sie auch mit seinem Vierbeiner genießen. Gemeinsame ausgiebige Spaziergänge tragen zu einer harmonischen Balance zwischen Mensch und Hund bei. Hier kann der Mensch lernen, seinen Hund souveräner zu führen. Der Hund lernt, dass er sich auf seinen menschlichen Freund verlassen kann. Gegenseitiges Vertrauen aufzubauen ist der gemeinsame Weg für eine echte und intensive Freundschaft.

Wer sich selbst fühlt, der fühlt auch seine Bedürfnisse und den Wunsch zu lachen, zu weinen und auch mal wütend sein zu dürfen. Einfach nur mal zu leben und Gefühle zuzulassen. All das ist in unserer rationalen Gesellschaft häufig nicht erwünscht oder erlaubt. Wir reden viel und sagen wenig, haben immer mindestens zwei Gedanken im Kopf und können immer schlechter mit Ruhe umgehen. Ich nenne dieses zwanghafte Denken den Hausmeister im Kopf.

Schenken Sie sich gefühlvolle Augenblicke.

Wenn wir uns dagegen Ruhe und Zeit für uns nehmen, kommen die wahren Gefühle zum Vorschein. Und genau hier sind unsere Hunde gute Seelenhelfer. Mit ihnen können wir so wundervoll schweigen – und doch sagen sie uns so viel. Orientieren wir uns doch noch einmal an einer Hundegruppe: Die Energie der souveränsten Hunde ist für die Sicherheit und Ausgeglichenheit der Gruppe verantwortlich.

Dies geschieht ganz natürlich und ohne Zwang. Nur wenn alle Familienmitglieder der Hundegruppe eine ruhige und souveräne Energie ausstrahlen, ist ein stabiler Zusammenhalt gewährleistet. Das ist das Geheimnis eines gesunden und harmonischen Zusammenlebens in einem sozialen Gefüge. Wenn die „Entscheidungshunde" der Gruppe dagegen unausgeglichen und disharmonisch sind, hat das negative Folgen für das ganze Rudel.

Ich kann seit vielen Jahren im Revier für Hunde beobachten, dass erfahrene und souveräne Leithunde eine innere Balance und Ruhe ausstrahlen, die sich auf die gesamte Gruppe als Sicherheit und beseelte Atmosphäre auswirkt. Die Leithunde wiederum fühlen sich durch das entspannte Verhalten der Gruppe in ihrem sicheren Verhalten und ihrer leitenden Position bestärkt und können somit die Ruhe und Berechenbarkeit wieder auf die Gruppe übertragen. Hier schließt sich dann der natürliche Kreislauf der Ruhe, den das Revierrudel für ein ausgeglichenes Zusammenleben braucht.

Finden Sie Ihre innere Balance

Es gibt unzählige Möglichkeiten, unsere Hunde zu verwirren – eine davon ist, sie „zuzutexten".

Nur, wenn wir selbstbewusst in uns ruhen und in Balance sind, können wir unseren Hunden ein gutes Vorbild sein. So, wie wir auch Kindern nur dann ein Vorbild sein können, wenn wir sicher sind und in uns ruhen. Wenn ein Vater seinem Sohn im Schwimmbad zeigen will, wie man mutig vom Drei-Meter-Turm springt, er selbst jedoch Angst hat und unsicher ist, wird der „Leitvater" nicht mit vorbildlicher Energie vor seinem „Menschenwelpen" stehen. Die Ängste und Unsicherheiten übertragen sich womöglich auf den Sprössling.

Ein gutes Leitbild bietet jedoch, wer auch in angst- und stressbesetzten Lebenssituationen ruhig, sicher und entspannt bleibt. Dafür bedarf es keiner großen Worte. Der Weg zum Vertrauen führt über das verlässliche Zusammenspiel. Dies gilt sowohl im menschlichen als auch im hündischen Zusammenleben.

Bleiben Sie bei Ihrem Bauchgefühl. Die Wege zum Hund sind keine Wissenschaft, sie sind ein instinktives und intuitives Gefühl der Naturprinzipien. Versuchen Sie, selbstbewusster, gefühlvoller und freier mit Ihrem Hund umzugehen.

Wer ununterbrochen auf seinen Hund einredet, ihm unverständliche körpersprachige Signale sendet oder ihn ständig mit Futter oder Spielzeug besticht, der vermittelt Unsicherheit. Spürt der Hund die Befangenheit und Unentschlossenheit seines Menschen, wird er versuchen, das Ungleichgewicht auszupendeln. Doch wir stehen in der Verantwortung, unseren Hund ohne Druck und Zwang souverän zu führen.

Seien Sie ein souveräner Partner

Versuchen Sie, selbstbewusster aufzutreten. Seien Sie Ihrem Hund in angespannten Situationen ein souveräner Partner, der den Problemen in Ruhe und Bestimmtheit begegnet, um sie dann zu lösen. Denn wenn wir ängstlich sind, vermitteln wir unseren Hunden, dass sie sich nicht auf uns verlassen oder uns vertrauen können. Ein Hund, der seinem ausgeglichenen „Häuptling" mit einem guten Gefühl der Sicherheit folgt, braucht keine Verantwortung zu übernehmen. Das bedeutet: Der Vierbeiner kann stressfreier mit uns durchs Leben gehen.

Es gibt viele Hundehalter, die glauben, Konsequenz hätte etwas mit Härte zu tun. Nein! Gewalt ist ein Zeichen für Verzweiflung. Und Hunde brauchen keine verzweifelten Menschen an ihrer Seite. Sie brauchen souveräne Menschen, die sie führen und verstehen, um eindeutige

Signale für eine gesunde Beziehung zu setzen. Seien sie konsequent – sowohl beim Geben als auch bei Nehmen. Regeln aufzustellen, heißt nicht, den Hund permanent zu erziehen.

Wir sollten versuchen, unseren Hunden in ihre Welt zu folgen, so wie sie es mit uns tun. Sicherlich erfordert das Zusammenleben mit uns Menschen, dass unsere Hunde vieles lernen, was nicht ihren natürlichen Gewohnheiten und Verhaltensweisen entspricht. Dennoch sollten wir achtgeben, die Anpassungsfähigkeit der Vierbeiner nicht ständig zu strapazieren. Vielmehr sollten wir unsere Fellnasen vor allem als die Lebewesen akzeptieren, die sie gerne sind: Hunde. Daher sollten wir prüfen, an welchen Stellen wir unser Verhalten und unsere Lebensgestaltung hundgerecht machen können statt an unseren Hunden Veränderungen im Verhalten zu erzwingen.

Souveränität ist keine Zauberformel, sondern das Zusammenspiel von Instinkt und Ausführung.

Wir sollten nicht versuchen, so viel in unsere Hunde hineinzustopfen. Die Veränderung sollte in erster Linie bei uns beginnen. Schenken Sie Ihrem Hund die stabile Ausgeglichenheit, die er für eine gute Bindung und Freundschaft braucht. Mehr braucht es nicht.

Das sollten auch Sie mit Ihrem Vierbeiner genießen: Mensch und Hund im Einklang des Augenblicks.

Vertrauen Sie sich selbst

Wenn Sie über die Erziehung Ihres Hundes nachdenken, sollten Sie nicht fortlaufend hilfesuchend den neuesten Methoden hinterherrennen. Von Wasserpistolen über Wurfketten bis hin zum „sprechenden Halsband" – auf dem grenzenlosen Hundeerziehungsmarkt gibt es kaum etwas, das es nicht gibt. Aus lauter Verzweiflung klammern sich Menschen an Hilfsmittel, die jedoch oftmals nur die Symptome bearbeiten. Ein Sprühhalsband oder eine Wurfkette sind für mich Hilfsmittel, die Hundebesitzer einsetzen, wenn ihre eigene Energie und Souveränität unzuverlässig auf den Hund wirkt. Oftmals werden diese Erziehungshilfen aus Hilflosigkeit und Verzweiflung eingesetzt. Auch die permanente Gabe von Leckerlies kann Fehlverknüpfungen beim Hund hervorrufen. Die Folge: Ohne Leckerlies steht der menschliche „Leitwolf" ganz schnell nackt da.

Ich möchte es mal mit einem Bild anschaulich machen: Oft versuchen Hundebesitzer, die Zimmer im gemeinsamen Mensch-Hund-Haus zu renovieren und zu verändern. Die bröckeligen Grundmauern des Beziehungs-Hauses bleiben die gleichen. Ohne seine eigene Energie und die Haltung zu sich und seinem Hund zu überdenken, versuchen diese Menschen, die Probleme mit ihrem Hund so schnell wie möglich auf Knopfdruck abzuschalten. Oder sie therapieren ihren Vierbeiner solange, bis der Hund nicht nur eine Verhaltensauffälligkeit zeigt, sondern womöglich mehrere. Statt erst einmal innezuhalten und das eigene Verhalten zu überdenken. Und das alles nur aus lauter Liebe. Für dieses Verhalten dürfen wir niemanden verurteilen, es ist menschlich und völlig normal. Jedoch schadet diese Form der „Zuwendungs-Therapie" unseren Fellnasen. Wenn wir unsere Hunde nicht ständig mit Hilfsmitteln manipulieren und uns stattdessen nur ein kleines bisschen ändern, können wir ein stabiles und gesundes Gleichgewicht in die Mensch-Hund-Beziehung bringen. Ändern Sie sich, ändert sich Ihr Hund.

Wenn wir versuchen, unseren Hunden in ihre Welt zu folgen, werden wir dadurch ein bisschen freier.

Der sanfte Riese Linus

Es war ein heißer Sommertag im Juli, als Linus, ein 78 kg schwerer Bordeaux-Doggen-Rüde, uns das erste Mal mit seinem Frauchen im Revier für Hunde besuchte. Ein imposanter Molosser, der auf den ersten Blick sehr bedrohlich wirkte. Da mich selbst jahrelang zwei Mastinos durch mein Leben begleiteten, weiß ich, wie wichtig der regelmäßige soziale Kontakt zu Artgenossen ist, damit keine Verhaltensauffälligkeiten bei den sanften Riesen entstehen. Auf mich wirkte Linus sehr ausgeglichen und entspannt, was ich aber auch auf einige Kilos zu viel an Körpergewicht bei ihm zurückführte. Die Herausforderung bei Linus bestand darin, dass er noch nie von seiner Besitzerin getrennt war. Als Linus zum ersten „Abnabelungstermin" ins Revier kam, war uns sehr schnell klar, dass dieser Prozess für alle Beteiligten nicht so einfach werden würde. Ich hatte das Gefühl, dass Linus bisher immer das bekommen hatte, was er wollte. Und dazu die seiner Körpergröße entsprechende volle Aufmerksamkeit. Denn ein Hund wird nur zum König, wenn er das Volk dazu hat. Und ich spürte, dass er stolz eine „Krone" trug. Schon am Eingang bockte er wie ein störrischer Gaul. Am mitleidigen Blick der Besitzerin konnte ich sehen, dass ihr beim Anblick ihres eigensinnigen und verwöhnten Lieblings das Herz blutete. Er wollte sich einfach nicht von seinem Frauchen lösen. Oder konnte sich die Hundebesitzerin nicht von ihrem geliebten Hund trennen? Was war wohl die Ursache für das dickköpfige Verhalten von Linus?

Vom Loslassen und Festhalten

Man konnte spüren, dass auch die Besitzerin nicht wirklich loslassen wollte. Der Hund spürt die Angst, Verzweiflung oder Trauer seines Menschen und kann sie nicht genau einordnen. In solchen Momenten können Fehlverknüpfungen entstehen. Mensch und Hund senden und empfangen Signale. Daher ist es wichtig, in solchen Augenblicken nicht die falsche Energie zum Fließen zu bringen. Endlich konnten wir die Tür hinter Linus schließen. Andrea zog den sturen und sichtlich schlechtgelaunten Linus hinter sich her. Im Sozialisierungsbereich setzten wir uns mit ihm erst einmal an ein schattiges Plätzchen, damit Linus ein wenig verschnaufen und sich mit dem neuen Revier vertraut machen konnte. Nach einer Weile fing er an, die neue Umgebung mit seiner Nase wahrzunehmen. Sehr gut! Erst beim übernächsten Besuch jedoch war Linus so weit, mit einem Artgenossen zusammenzukommen. Meine souveräne und geduldige Podenco-Mischlingsdame Luna war genau die richtige Hündin für unseren bockigen Riesen. Voller Respekt und Ruhe ging sie in ihrer beseelten Art auf Linus zu und holte ihn ganz schnell ins Hier und Jetzt. Es schien ihm zu gefallen, dass eine

Es macht Freude zu sehen, dass Linus Freunde gefunden hat und sich unter seinen Artgenossen wohlfühlt.

erfahrene Hundedame ihm den Hof machte. Als zweite ließen wir Lucy zu Linus, eine souveräne Retriever-Hündin. Sie ist unsere „Hundemutter der Nation" und besitzt eine wundervolle Ausgeglichenheit. Auch sie begegnete unserem „Frischling" mit Respekt und Ruhe. Die Situation wurde von Minute zu Minute entspannter. Linus war im Sozialisierungsbereich vom Revier für Hunde angekommen.

Linus blüht auf

Drei Wochen später hatte Linus schon etwa fünfzehn Hunde kennengelernt und wurde immer lockerer. Die Erfolge der letzten Wochen machten es Mensch und Hund leicht, endlich ganz loszulassen. Seine Halterin gab ihn entspannt ab und Linus alberte schon bald mit seinen neuen Freunden herum. Als ich Linus dann endlich mitnahm ins Rudel, zeigte der sich beeindruckt von den 30 Artgenossen und bewegte seine fast achtzig Kilogramm anfangs sehr bedächtig und etwas steifbeinig durch die Gruppe. Hier und dort hob er schnaufend sein Bein und markierte ausgeglichen sein „neues Revier", wie es sich für einen großen und kräftigen Rüden gehört. Einige „alte Hasen und Häsinnen" setzten ihre Duftmarken über die des „Frischlings" und betonten mit einem „gockelnden" Scharren, wer im Revier das

Sagen hat. Einige „starke Jungs“ knurrten vor sich hin. Ein paar Hundedamen waren beeindruckt von dem imposanten Riesen und zeigten deutlich ihr Interesse. Wir erhielten eine Lektion in hündischen Verhaltensweisen! Linus war angekommen – ein ganz normaler Hund unter Artgenossen.

Sechs Wochen waren vergangen, seit Linus sich stur geweigert hatte, das Revier zu betreten. Mittlerweile sieht die Welt für den Bordeauxdoggen-Rüden ganz anders aus: Er spielt ausgelassen mit seinen Hundekumpels auf der Wiese herum und hat zur Freude aller Beteiligten schon zwei Kilo abgenommen. Er bekommt immer häufiger seine „fünf Minuten“ und wird immer ausgelassener. Es ist eine Freude, den „bockigen König“ so frei zu sehen. Ab und an wird der Riese zwar schon einmal von einigen erfahrenen Rüden oder Hündinnen in seinen Temperamentsausbrüchen gebremst. Das tut seiner Lebensfreude aber keinen Abbruch. Ally, eine Bordeauxdoggen-Dame, die schon seit Jahren ins Revier kommt, hat sein „männliches Interesse“ geweckt. Von ihr lässt er sich gerne in die Schranken weisen. Dass Linus diese Entwicklung gelungen ist, war auch der tollen Mitarbeit der Hundehalterin zu verdanken. Sie hatte erkannt, dass sie Linus wohl manches Mal ein wenig zu sehr verwöhnt habe. „Sie können Ihren Hund von ganzem Herzen lieben“, erklärte ich ihr, „aber zeigen Sie es ihm nicht den ganzen Tag. Jeder, ob Mensch oder Hund, braucht Distanz.“ Tatsächlich hatte sie ihm eine Zacke aus seiner Königskrone gebrochen und sich bewusst von ihrer eigenen Angst und Unsicherheit gelöst, da sie erkennen konnte, wie ihr Verhalten sich auf ihren Hund auswirkte.

Exkurs

Verantwortung übernehmen

Die Arbeit im Tierschutz prägte Andreas Ohligschläger. Während er es in seiner Zeit im aktiven Tierschutz mit vernachlässigten und geschundenen Tieren zu tun hatte, sieht er in seiner Arbeit heute vielfach Mensch-Hund-Konstellationen, bei denen beide Partner leiden: Zwei- und Vierbeiner. In einem kurzen Interview erfahren wir mehr darüber.

Was ist Ihrer Meinung nach eines der größten Probleme, wenn Menschen sich einen Vierbeiner als Familienmitglied holen?

Andreas Ohligschläger: Zum Glück überlegen sich viele Menschen mittlerweile lange und gut, was es bedeutet, einem Vierbeiner ein neues Zuhause zu geben. Doch nicht immer kann man sämtliche möglichen Probleme vorweg nehmen, schließlich ist jeder Hund ein Individuum. Trotz der insgesamt positiven Entwicklung gibt es aber eben auch immer noch Menschen, die sich unüberlegt einen Hund in ihr Leben holen, ohne sich die Konsequenzen des Zusammenlebens klar zu machen. Menschen dürfen Hunde kaufen und wieder abgeben, aber Hunde dürfen nicht freiwillig gehen. Sie müssen bleiben, solange der Mensch es will. In der Zeit, in der ich im Tierheim arbeitete, habe ich viele Geschichten erlebt, die mich sehr prägten. Ich habe Hunde gesehen und erlebt, die einfach nicht verstanden haben, warum sie im Tierheim saßen. Zusammengekauert und verlassen wollten sie nichts essen und ließen keine Zuwendung zu. Die schlimmsten Fälle waren die ausgesetzten Hunde von Autobahnen. Sie verstanden einfach die Welt nicht mehr. Vom Mittelpunkt der Welt zum lästigen Rastplatz-Opfer. Kleine gebrochene Herzen. Viele von ihnen behielten einen Knacks fürs Leben und die Menschen kamen ungeschoren davon.

Welche typischen Verhaltensweisen stellen Sie bei Hundehaltern fest, die mit einem Problem zur Hundeschule gehen?

Andreas Ohligschläger: Zeigt ein Vierbeiner Verhaltensauffälligkeiten, will der fürsorgliche Hundehalter natürlich helfen. Dabei übersieht er, dass das Problemverhalten des Vierbeiners meist von ihm selbst, das heißt dem Zweibeiner, unterbewusst hervorgerufen oder antrainiert ist. Außerdem wünschen sich die meisten Hundehalter, dass ein Problem, das über einen längeren Zeitraum herangereift ist, nun schnell aus der Welt geschafft wird. Hier sind Enttäuschungen natürlich programmiert. Besonders, wenn der Zweibeiner dem helfenden Tierarzt oder Hundetrainer nicht die ganze Wahrheit „beichtet", manches beschönigt oder vergisst. Dann beginnt die Odyssee – und der Kreislauf des „Problemhundes" schließt sich.

Wer daher seinem Hund und sich selbst ernsthaft helfen will, sollte ehrlich sein, zu sich und dem helfenden Therapeuten. Er sollte sich und seinem Vierbeiner Zeit zum Umlernen gönnen und immer auch eigene Verhaltensweisen kritisch in den Blick nehmen. Wenn wir unsere vierbeinigen Mitgeschöpfe verstehen wollen, müssen wir lernen, sie zu lesen und zu fühlen.

Immer mehr Menschen nehmen einen Hund aus dem Ausland auf. Sie kennen die Situation aus eigener Anschauung. Was halten Sie davon, Streuner aus dem Ausland zu retten?

Andreas Ohligschläger: Während meines Jahres in Portugal hatte ich zu keinem Zeitpunkt das Gefühl, einen der Streuner aus einem Tierschutzgedanken heraus „retten" zu müssen. Das Gegenteil war der Fall: Ich lernte, ein Teil von ihnen und der Natur zu sein. Manche Touristen spielten mit dem Gedanken einen Hund mit nach Deutschland zu nehmen, doch viele der Straßenhunde von Milfontes liebten ihre Freiheit. Es wäre reiner Egoismus gewesen, einen Hund aus einem kleinen Fischerdorf zu retten, um ihm dann ein neues Zuhause in einer kleinen

Auch wenn es vielleicht anders aussieht: Dieser Hund musste nicht „gerettet" werden, ihm ging es gut. Davon konnte ich mich selbst überzeugen.

Wohnung zu bieten. Den meisten Hunden ging es ganz gut auf der Straße. Sie durften Katzen aus ihrem Revier verjagen, kamen ihrem Bewegungsdrang nach und konnten ihren Tagesablauf so gestalten, wie sie wollten. Sie konnten ausgiebig bei Begegnungen unter Artgenossen kommunizieren und lernen, welche Position sie im Rudel hatten. Viele träumten jedoch auch einfach nur ungestört Stunden vor sich hin.

Aber natürlich war nicht alles schön und „hundgerecht", was ich bei meinen Aufenthalten im Süden in Bezug auf das Miteinander von Mensch und Hund beobachtete. Unter anderem zählten leider schon damals auch Kettenhunde, überfüllte Auffangstationen und „ausrangierte" und daher ausgesetzte Jagdhunde zum Alltag im schönen Süden.

In den letzten Jahren hat sich das Leben der Streuner verändert. In dem kleinen verträumten Fischerdorf im Alentejo der achtziger Jahre hatten die Nomaden der Strände und Straßen noch nicht so viele menschliche Feinde. Die kleinen, mit Charme und Flair beseelten Fleckchen Erde, waren zu diesem Zeitpunkt noch nicht so extrem mit Tourismus zugepflastert. Und wo Menschen nicht so viele Anforderungen und Ansprüche an ihren Urlaub und ihr Leben stellen, haben Straßenhunde noch viel mehr Freiräume.

Es gibt viele, seit Jahren in Freiheit lebende Straßenhunde, die gar nicht ins „gelobte Hundedeutschland" gerettet werden wollten, wenn der Mensch sie über ihre zukünftigen Bedingungen als „Menschenhund" aufklären könnte. Auch wenn die Menschen dies etwas anders sehen. Manche Hunde, die von Tierschützern gerettet oder von Tierfängern eingefangen werden, haben zudem in Wirklichkeit ein Zuhause, sie sind halt nur streunend in ihrem Revier unterwegs gewesen, als die Hundefänger vorbeikamen. Warum sollte man diesen Hunden ihre vertraute Heimat nehmen? Tierschutz, so habe ich es oft erfahren, ist ohnehin ein Thema, bei dem die Meinungen stark auseinander gehen. Aber nur, wo Polarisierung stattfindet, wird auch etwas bewegt und verändert. Tierschutz findet für mich im besten Fall immer vor Ort statt. Die Tierschützer und Vermittler vor Ort sollten über die Geschichte und die Wesensmerkmale ihrer „Felle" am besten informiert sein und dieses Wissen auch ehrlich weitergeben. Aber auch in Deutschland gibt es im Bereich Tierschutz noch einiges zu tun!

Bleiben wir noch einen Augenblick bei der Lebenssituation der Hunde im Ausland. Was sind Ihrer Meinung nach die größten Probleme und wie können tierliebe Menschen helfen?

Andreas Ohligschläger: Heute müssen viele Straßen und Strände meist katzen- und hundefrei sein, damit Menschen einen reibungslosen und sauberen Urlaub erleben können. Diese „Säuberung" findet jährlich in vielen südlichen Ländern vor dem großen Menschenandrang in den Sommermonaten in Urlaubs- und Ballungsgebieten statt. Meist still und heimlich. Nur selten hören und lesen wir davon, wie bei dem Hundemassaker, das 2012 im Vorfeld der Europameisterschaften in der Ukraine stattfand. Die erschreckenden Bilder sind vielen wie Albträume im Kopf geblieben. Doch was können wir tun, um das Leben zu beeinflussen? Ich glaube, dass wir etwas verändern können, wenn wir unsere Ansprüche und Ansichten verändern, wenn wir beginnen, durch die Natur und unsere Hunde zu lernen, unsere Sensibilität für das Wesentliche im Leben wieder zu erwecken.

Zudem sind Kastrationsmaßnahmen aus meiner Sicht eine weitere wichtige Maßnahme, um die Massentötungen von Hunden eindämmen zu können. Daher sollten Menschen, die sich für Hunde im Ausland engagieren möchten, solche Maßnahmen unbedingt unterstützen.

Was sollten Menschen wissen, die einen Hund aus dem Tierschutz aufnehmen?

Andreas Ohligschläger: Viele Menschen, die einen Hund aus dem Tierschutz zu sich nehmen, schenken dem neuen Familienzuwachs zu Beginn extrem viel Aufmerksamkeit und Mitleid. Durch Erzählungen und Informationen über die Vergangenheit des Vierbeiners werden die neuen Hundebesitzer häufig damit konfrontiert, wie schlecht es ihrem neuen Familienmitglied bisher in seinem Leben ergangen ist. Diese Informationen lösen beim Menschen eine Vielzahl an Emotionen aus. Gerade sehr sensible Menschen laufen Gefahr, ihr natürliches Bedürfnis nach Zuwendung und menschlicher Liebe auf den Hund zu übertragen: Drei Schlafplätze, eine Kiste voller Spielzeug und Leckerlies bei jeder Gelegenheit tragen aus der Sicht des Hundebesitzers dazu bei, eine freundschaftliche Beziehung aufzubauen. Der Mensch glaubt, der Hund würde sich für diese Form der intensiven Zuwendung für den Rest seines Hundelebens mit vorbildlichen Verhalten bei seinem Retter bedanken. Jedoch hat diese Liebe auch Unklarheiten in der Beziehung zur Folge. Der Hund bekommt den „Tierschutzbonus" – und versteht nicht warum. Da es Mitleid in dieser Form unter Hunden nicht gibt, wird der Vierbeiner das Verhalten seines Menschen nicht deuten

Hören Sie auf Ihren Bauch. Ihr natürliches Gespür hilft Ihnen dabei, eine direkte Verbindung zu Ihrem Hund zu finden.

können. Eine mögliche Folge der übermäßigen Fürsorge seines Menschen sind Verhaltensweisen, die in der Hundewelt zu Problemen führen können. Oftmals sind es die kleinen Hunde, die durch die übermäßige Fürsorge ein „Napoleonsyndrom" entwickeln. Bei Begegnungen mit Artgenossen reagieren sie aggressiv oder ängstlich. Hier ist unser gesunder Instinkt gefragt, der uns zeigt, dass Hunde unsere materiellen Geschenke nicht als Freundschaftsbeweis sehen. Wir sollten sie mit Berechenbarkeit und Sicherheit beschenken, um ihnen ein respektvoller Freund zu sein.

Hunde aus dem Tierschutz brauchen keinen ständigen Mitleidsbonus, ihre traurige Vergangenheit existiert nur in unseren Köpfen.

Welches sind Ihrer Erfahrung nach die häufigsten Probleme zwischen Hund und Mensch, unter denen unsere Vierbeiner leiden? Und wie kann man diese Probleme lösen?

Andreas Ohligschläger: Das größte Problem in unserer heutigen Gesellschaft ist die Verarmung der Sensibilität und Emotionalität unter den Menschen. Dadurch entsteht eine extreme Sehnsucht nach nicht gelebten Gefühlen. Diese emotionale Lücke soll der Hund schließen. Hier beginnt die Vermenschlichung. Doch Hunde sind keine Menschen und deshalb leiden sie unter dem emotionalen Kostüm, das ihnen der Mensch unbewusst anzieht.

Was können wir tun, um unseren Hunden ein artgerechtes Leben zu ermöglichen?

Andreas Ohligschläger: Wenn wir unseren Hunden ein freies und artgerechtes Leben bieten wollten, müssten wir sie unabhängiger leben lassen. Das heißt, wir dürften sie nicht andauernd durch unsere menschlichen Bedürfnisse und Regeln einengen. Ich glaube, dass viele unserer Haushunde ein ganz anderes Leben führen würden, als dasjenige, das wir ihnen auferlegen. Hunde sind Lebewesen, die allein aufgrund ihrer Instinkte einen ganz anderen Tagesablauf hätten, als den von uns Menschen vorgegebenen. Wenn Hunde in einer natürlichen Umgebung mit Menschen – jedoch ohne Begrenzungen – ihre Umwelt und Artgenossen erleben und erkunden könnten, entspräche das einem artgerechten Hundeleben.

Daher sollten Sie für Abwechslung sorgen. Gemeinsame ausgedehnte Spaziergänge in der Natur sind ein wundervolles Geschenk für jeden Hund. Versuchen Sie, Ihrem Hund ein souveräner und konsequenter Freund auf Ihren gemeinsamen Abenteuern zu sein und er wird Ihnen vertrauensvoll folgen. Stellen Sie in der Mensch-Hund-Beziehung weniger die eigenen Bedürfnisse und Ansprüche in den Vordergrund, sondern begegnen Sie Ihrem Vierbeiner mit Respekt und Verständnis. Er ist das Lebewesen, das in sich trägt, was wir wieder mehr leben dürfen: den natürlichen Instinkt.

Service

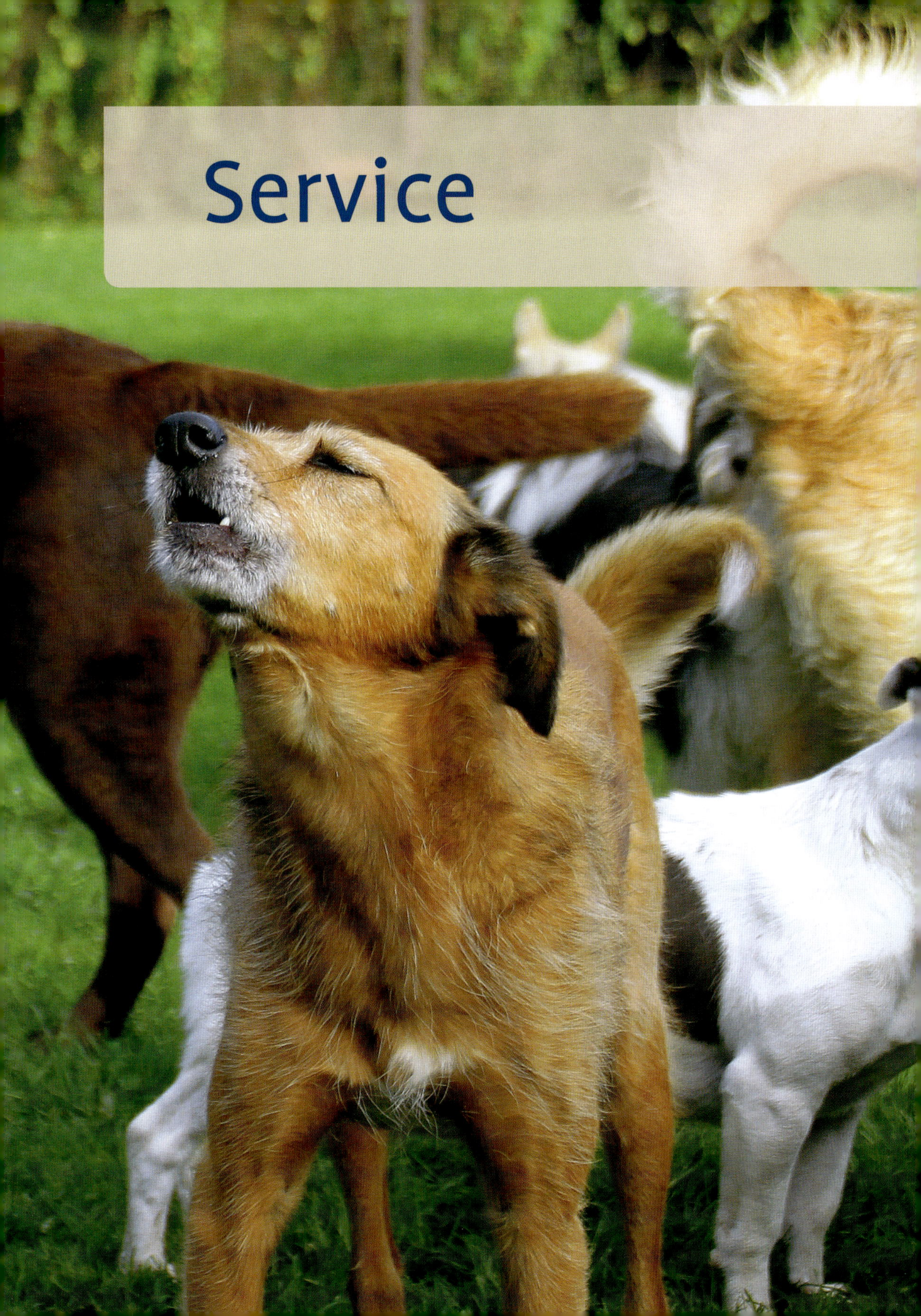

Zum Weiterlesen

- Ohl, Frauke: Die Körpersprache des Hundes. Ausdrucksverhalten erkennen und verstehen. Verlag Eugen Ulmer, Stuttgart 2013
- Tomasini, Mirko: Das Leitwolf-Training. Sprachfrei kommunizieren mit Hunden. Verlag Eugen Ulmer, Stuttgart 2012
- Tomasini, Mirko: Das Leitwolf-Spiel. Natürlich spielen mit Hunden. Verlag Eugen Ulmer, Stuttgart 2014

Klicks im WWW

www.revier-für-hunde.de
Homepage der Hundetagesstätte des Autors.

www.bruecke-mensch-hund.de
Homepage des Autors.

Widmung

Ich widme dieses Buch all den Menschen und Hunden, die mich in den letzten Jahrzehnten auf meinem Weg begleitet und verlassen haben. Jeder Einzelne führte mich immer näher an einen natürlichen und beseelten Ort, an dem hier und jetzt mein Herz und mein Zuhause sind: das Revier für Hunde.

Bildquellen

Bertram, Gudrun (www.fotogen-studio.de): Seite 2, 14/15, 16, 18, 20, 25, 27, 33, 35, 36, 37, 38, 40, 48/49, 53, 61, 62, 78, Klappe hinten außen, Klappe hinten innen: 3. v. l.

Niessen, Andrea: Titelbild, Seite 4/5, 7, 8, 11, 12, 13, 19, 22, 23, 28, 30, 31, 32, 39, 41, 43, 44, 46, 50, 51, 54, 56, 58, 59, 64, 66/67, 69, 73, 75, 76, 80/81, 83, 86, 88/89, 91, 93, Klappe vorne innen: 1. v. l., 3. v. l., 4. v. l., Klappe hinten innen: 1. v. l., 2. v. l., 4. v. l.

Ohligschläger, Andreas: Seite 26, 34, 71, Klappe vorne außen, Klappe vorne innen: 2. v. l.

Ohligschläger, Peter: Seite 6

In der Ruhe der Natur liegen unsere Wurzeln.

Dank des Autors

Ich bedanke mich bei meinen Eltern dafür, dass sie mich für die Beziehung zur Natur und zu den Tieren sensibilisierten. Bei meinen Geschwistern bedanke ich mich für ihr Verständnis und ihre Unterstützung. Ein ganz besonders liebevoller Dank gilt meiner beseelten und beflügelten Freundin Andrea, die mir gezeigt hat, dass es auch in schwierigen Zeiten immer mindestens zwei positive Wege im Leben gibt. Ich danke dir von ganzem Herzen.

Einen lieben Dank an alle helfenden und stärkenden Seelen im Revier und einen lieben Dank auch an all die Hundebesitzer, die ihre wundervollen Vierbeiner in das Revier bringen und dadurch dazu beitragen, mir meinen Lebenstraum zu erfüllen: Hunde zu beobachten und von ihnen zu lernen. Lieben Dank an Familie Wald für das wunderbare Fleckchen Natur und die gute Nachbarschaft. Ein besonderer Dank gilt Alex, für seine kraftvolle und energiereiche Hilfe. Vielen lieben Dank Marion, für deine liebevolle und professionelle Unterstützung. Vielen Dank an den Verlag Eugen Ulmer, der mir mein erstes „Bauch-Buch“ ermöglichte. Lieben Dank an alle Menschen, die mich bestärken oder kritisieren. Polarität belebt das Leben. Und noch einen musikalischen Dank an Andreas Bourani, für eines seiner wundervollen Lieder: „Sein“.

Impressum

Die in diesem Buch enthaltenen Empfehlungen und Angaben sind vom Autor mit größter Sorgfalt zusammengestellt und geprüft worden. Eine Garantie für die Richtigkeit der Angaben kann jedoch nicht gegeben werden. Autor und Verlag übernehmen keinerlei Haftung für Schäden und Unfälle. Der Leser sollte bei der Anwendung der in diesem Buch enthaltenen Empfehlungen sein persönliches Urteilsvermögen einsetzen.

Bibliografische Information der Deutschen Nationalbibliothek

Die Deutsche Nationalbibliothek verzeichnet diese Publikation in der Deutschen Nationalbibliografie; detaillierte bibliografische Daten sind im Internet über http://dnb.d-nb.de abrufbar.

Hinweis: Der Verlag Eugen Ulmer ist nicht verantwortlich für die Inhalte der im Buch genannten Websites.

Wollgrasweg 41, 70599 Stuttgart (Hohenheim)
E-Mail: info@ulmer.de
Internet: www.ulmer-verlag.de

Lektorat: Dr. Marion Steinbach (www.steinbach-pr.de), Kathrin Gutmann
Herstellung und DTP: Lena Triantafiloudis, Ulla Stammel
Umschlagentwurf: Atelier Reichert, Stuttgart
Reproduktionen: Timeray, Herrenberg
Druck und Bindung: Westermann Druck Zwickau GmbH, Zwickau
Printed in Germany

ISBN 978-3-8001-1272-2